Elektro-Fachzeichnen 1

Grundlagen

Von Studiendirektor Hans Harthus, Osnabrück

2., neubearbeitete und erweiterte Auflage
mit 228 Bildern, 20 Tabellen und 210 Aufgaben

B. G. Teubner Stuttgart 1990

CIP-Titelaufnahme der Deutschen Bibliothek

Harthus, Hans:
Elektro-Fachzeichnen / von Hans Harthus. – Stuttgart:
Teubner.

1. Grundlagen
   [Hauptbd.]. – 2., neubearb. u. erw. Aufl. – 1990

   Lehrerausg. mit Lösungen. – 2., neubearb. u. erw. Aufl. – 1990

   ISBN 978-3-519-16803-4 ISBN 978-3-322-91169-8 (eBook)
   DOI 10.1007/978-3-322-91169-8

Satz: SATZPUNKT Ewert, Braunschweig

Umschlaggestaltung: Peter Pfitz, Stuttgart

Vorwort

Dieses Buch wendet sich an Auszubildende aller Elektroberufe in der Grundstufe oder im Berufsgrundbildungsjahr. Es ist ein Lehr- und Arbeitsbuch für das Fachzeichnen und die Schaltungskunde. Ziel ist es, den Schüler in die Lage zu versetzen, technische Zeichnungen lesen und auswerten zu können. Voraussetzung dazu ist die Fähigkeit, technische Zeichnungen nach gegebenen Aufgaben normgerecht anzufertigen.

Nach den Texthinweisen und den im Maßstab 1:3 vorliegenden Zeichnungsfragmenten zeichnet der Schüler die Aufgaben auf normalem Zeichenpapier, dessen Auswahl dem Unterrichtenden überlassen bleibt. Die Maßketten am Blattrand sind eine optimale Blattaufteilung. Die Reihenfolge der Aufgaben ist unverbindlich – der Unterrichtende wird methodisch nicht festgelegt.

Daß der Schüler die Zeichnungsvorgaben selbst zeichnen und vervollständigen muß, hat sich in der Unterrichtspraxis als besonders vorteilhaft erwiesen:

- Der Schüler lernt, ein Blatt optimal zu nutzen;
- er entwickelt die Lösung aus „seiner" Zeichnung heraus;
- beim „Verzeichnen" braucht er sich keine neue Vorlage zu beschaffen, sondern nur ein frisches Blatt zu nehmen;
- die fertigen Zeichnungen ergeben ein einheitliches Bild.

Mit Hilfe des systematischen Einführungsteils, der Hinweise im Anhang und der erarbeiteten Fachkenntnisse kann der Schüler die Aufgaben weitgehend selbständig lösen. Dies gilt auch für elektrotechnische Schaltungen, die zu lesen und auf Fehler zu prüfen sind.

Alle Zeichnungen sind nach den z. Z. geltenden Normen ausgeführt. Die Neubearbeitung berücksichtigt die Lehrpläne nach den neugeordneten Elektroberufen.

Osnabrück, Juli 1989 H. Harthus

Inhaltsverzeichnis

1 Technisches Zeichnen

1.1 Zweck und Bedeutung

Die technische Zeichnung stellt ein Werkstück wirklichkeitsgetreu dar oder gibt mit Hilfe von Symbolen die Funktion und Anlage von Geräten wieder. Sie ist das Verständigungsmittel zwischen „Konstruktion" und „Werkstatt". Diesen Zweck erfüllt die technische Zeichnung nur, wenn sie eindeutig und jedem Fachmann verständlich ist. Sie muß deshalb nach bestimmten Vorschriften angefertigt werden, nach Normen.

Überlegen Sie, wie schwierig die Verständigung zwischen den konstruierenden Ingenieuren und der ausführenden Werkstatt ohne technische Zeichnungen wäre. Wie umständlich, zeitraubend (damit: kostenaufwendig) und mißverständlich alle Angaben wären.

Durch die Normung sind nicht nur Form, Größe und Ausführung von Erzeugnissen und Verfahren vereinheitlicht, sondern auch technische Zeichnungen unmißverständlich festgelegt. Die vom Deutschen Institut für Normung e. V. (DIN) in Zusammenarbeit mit der Wissenschaft und Praxis aufgestellten DIN-Normen setzen Maßstäbe und Regeln für alle Wirtschafts- und Industriebereiche. Die International Organization for Standardization (ISO) erarbeitet im Zusammenwirken der nationalen Normenausschüsse internationale Normen.

Wo überall begegnen Ihnen im täglichen Leben und im Beruf Normen? Stellen Sie sich vor, Schrauben, elektrische Leitungen oder Geräte wären nicht genormt. Was wären die Folgen?

> Die technische Zeichnung
> - ist das Verständigungsmittel zwischen Konstruktion und Werkstatt,
> - beruht auf Normen,
> - ist unentbehrlich für die industrielle und handwerkliche Fertigung.

Als Diagramm oder Schaubild stellt eine Zeichnung die mathematische oder physikalische technische Abhängigkeit einer Größe von einer anderen Größe dar. Diese Art der zeichnerischen Darstellung wird nicht im engen Sinn zu den technischen Zeichnungen gerechnet, hat aber in der Technik große Bedeutung erlangt.

1.2 Zeichengeräte und Zeichenbogen

Zeichengeräte. Zur Herstellung einer sauberen technischen Zeichnung braucht man ein gutes Auge, eine ruhige Hand, sehr viel Sorgfalt und geeignetes Werkzeug. Als Grundausstattung sind erforderlich:

- Bleistifte der Härtegrade 2H (für dünne Linien), HB (für dicke Linien) und B (für dicke Linien und schwarze Flächen),
- Lineal (30 cm),
- Radiergummi,
- Zirkel mit harten und weichen Minen,
- Kreisschablonen, evt. auch Schriftschablonen,
- wünschenswert: Zeichendreieck mit 45°/45°/90° und 30°/60°/90° sowie Kurvenlineal und Winkelmesser.

Als Zeichenpapier nimmt man für Bleistiftzeichnungen weißes, an der Oberfläche rauhes Papier. Für Tuschezeichnungen empfiehlt sich Klarpapier (Transparentpapier).

Die Blattgrößen sind genormt (DIN 823 bzw. DIN 476). Ausgangsformat für die am meisten verwendete A-Reihe ist DIN A0, ein Rechteck mit dem Flächeninhalt 1 m² und dem Seitenverhältnis 1:$\sqrt{2}$ (841 mm x 1189 mm). Durch fortgesetztes Halbieren dieses Formats ergibt sich die Formatreihe A (**1**.1).

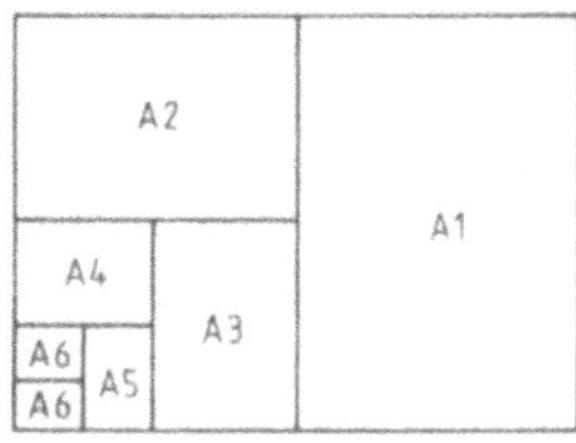

Blattgrößen Reihe A	Maße in mm
A0	841 x 1189
A1	594 x 841
A2	420 x 594
A3	297 x 420
A4	210 x 297
A5	148 x 210

1.1 DIN A-Formate

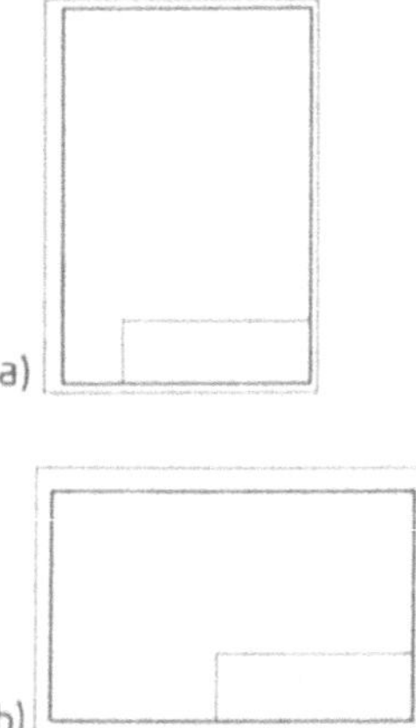

1.2 Zeichenbogen DIN A4 mit Schriftfeld
a) Hochlage, b) Breitlage

Blatteinteilung. Die Blätter können in der Hochlage oder in der Breitlage verwendet werden. Jedes Blatt hat einen 15 mm breiten Heftrand und an den übrigen Seiten einen 5 mm breiten Rand. Im verbleibenden Zeichenraum steht unten rechts das Schriftfeld oder eine Stückliste (**1**.2). Dieses Schriftfeld ist für Zeichnungen ab DIN A 4 etwa 180 mm x 55 mm groß. Die Angaben zum Schriftfeld nach DIN 6771 T1 sind vielfältig. Wir wollen daher in diesem Rahmen darauf verzichten. Stücklisten setzt man entweder auf das Schriftbild oder – bei umfangreicheren Zeichnungen – auf ein bzw. mehrere Bögen DIN A 4. Ein anderes Verfahren (lose Stückliste) setzt sich wegen der Datenverarbeitbarkeit immer mehr durch.

Für die in dieser Aufgabensammlung verwendeten Blätter DIN A 4 wird überwiegend die Hochlage bevorzugt, weil die im Hefter aufbewahrten Zeichnungen besser einzusehen sind.

1.3 Beschriftung

Beschriftet werden die Zeichnungen nach DIN 6776 in Schriftform A oder in Schriftform B, jeweils kursiv oder vertikal. Die Beschriftung mit griechischen Buchstaben erfolgt nach DIN 1453 (**1**.3). Für die Beschriftung ist die Schriftform B in vertikaler Ausführung zu bevorzugen (**1**.4). Die Schrifthöhen und -abmessungen gehen aus den Tabellen **1**.5 und **1**.6 hervor.

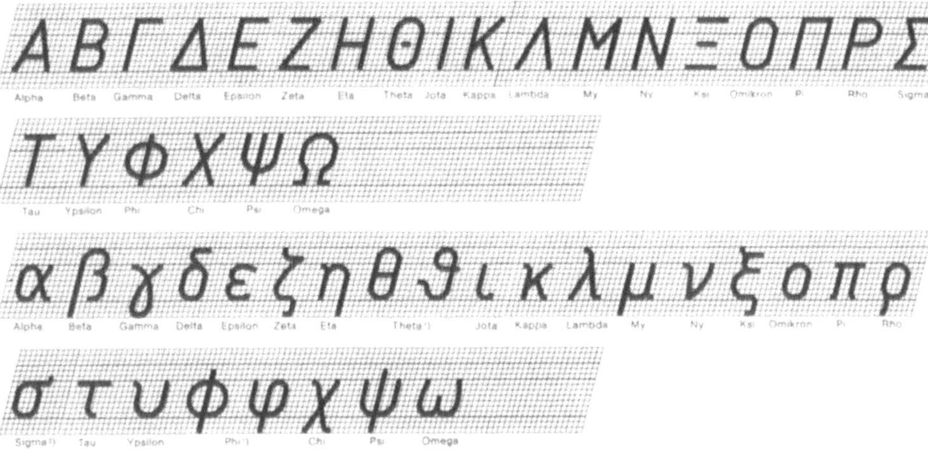

1.3 Griechische Schrift, Schriftform B kursiv (DIN ISO 3098 T2)

ABCDEFGHIJKLMNOPQRSTUV

WXYZ aabcdefghijklmnopqrsß

tuvwxyz 12345677890 IVX

[(!?:;'-=+×:· √%&)]ϕ

1.4 ISO-Normschrift, Schriftform B, vertikal (v, DIN 6776)

Tabelle **1**.5 **Schriftform A**

Höhe der Großbuchstaben (14/14 *h*)	2,5	3,5	5	7	10	14	20
Höhe der Kleinbuchstaben (10/14 *h*)	–	2,5	3,5	5	7	10	14
Linienbreite	0,18	0,25	0,35	0,5	0,7	1	1,4

Tabelle **1**.6 **Schriftform B**

Höhe der Großbuchstaben (10/10 *h*)	2,5	3,5	5	7	10	14	20
Höhe der Kleinbuchstaben (7/10 *h*)	–	2,5	3,5	5	7	10	14
Linienbreite	0,25	0,35	0,5	0,7	1	1,4	2

1.4 Linien

Nach DIN 15 unterscheidet man sechs Linienarten: Vollinie, Strichlinie, Strichpunktlinie, Strich-Zweipunktlinie, Zickzacklinie und Freihandlinie. Die Linienbreiten sind im $\sqrt{2}$-Sprung abgestuft. Die Tabellen **1**.7 und **1**.8 zeigen die Linienarten und Linienbreiten. Bei den Linienbreiten sind 0,25 0,35 0,5 und 0,7 zu bevorzugen. Insgesamt richtet sich die Linienbreite nach der Größe der Zeichnung.

Tabelle **1**.7 **Linienarten und Anwendung**

DIN 15 Teil 1	Linienart	Anwendungsbeispiele
A	Vollinie	sichtbare Kanten, sichtbare Umrisse, Gewindespitzen
B	Vollinie	Maßlinien, Maßhilfslinien, Schraffuren, Hinweislinien, Biegelinien, Faser- und Walzrichtung
C	Freihandlinie	Begrenzungen von abgebrochenen oder unterbrochen dargestellen Ansichten und Schnitten
D	Zickzacklinie	wie unter C
E	Strichlinie	verdeckte Kanten und Umrisse
F	Strichlinie	verdeckte Kanten und Umrisse, gegenüber E zu bevorzugen
G	Strichpunktlinie	Mittellinien, Symmetrielinien, Lochkreise, Teilkreise
H	Strichpunktlinie	Kenzeichnung der Schnittebene (möglichst vermeiden)
J	Strichpunktlinie	Kennzeichnung der Schnittebene
K	Strich-Zweipunktlinie	Umrisse von abgrenzenden Teilen, Grenzstellungen von beweglichen Teilen, Umrisse vor einer Verformung

Tabelle **1**.8 **Linienbreiten**

Liniengruppe	Linienbreite für Linienart	
	A, E, (H), J	B, C, D, F, G, (H), K
0,25	0,25	0,13
0,35	0,35	0,18
0,5	0,5	0,25
0,7	0,7	0,35
1	1	0,5
1,4	1,4	0,7
2	2	1

2 Darstellung von Werkstücken

2.1 Maßstab und Ansichten

Maßstab. Die technische Zeichnung muß so gestaltet werden, daß sie die Form des Gegenstands richtig unmißverständlich wiedergibt. Nur selten wird man ein Werkstück in Originalgröße (Maßstab 1 : 1) zeichnen können. Meist muß man große Werkstücke verkleinert darstellen (**2**.1).

Die Maßstäbe der einzelnen Darstellungen auf dem Zeichenbogen werden im Schriftfeld angegeben. Dabei hebt man den Hauptmaßstab durch größere Schrift hervor. Die anderen Maßstäbe sind neben jeder betreffenden Darstellung zu wiederholen.

Der Maßstab 1 : 5 z. B. drückt aus, daß 1 cm der Zeichnung in Wirklichkeit 5 cm sind. Beim Maßstab 1 : 1000 entsprechend also 1 cm der Zeichnung 10 m Wirklichkeit. Bei Vergrößerungen ist das Verhältnis umgekehrt: Maßstab 10 : 1 bedeutet eine zehnfache Vergrößerung.

Tabelle **2**.1 **Empfohlene Maßstäbe nach DIN ISO 5455**

Kategorie	Empfohlene Maßstäbe		
Vergrößerungsmaßstäbe	50 : 1 5 : 1	20 : 1 2 : 1	10 : 1
natürlicher Maßstab			1 : 1
Verkleinerungsmaßstäbe	1 : 2 1 : 20 1 : 200 1 : 2000	1 : 5 1 : 50 1 : 500 1 : 5000	1 : 10 1 : 100 1 : 1000 1 : 10000

Der Maßstab 1 : 2,5 ist veraltet. An seiner Stelle sollen die Maßstäbe 1 : 2 oder 1 : 5 verwendet werden.

Ansichten. Flache Werkstücke, deren Vorder- und Rückseite plan sind, werden in einer Ansicht dargestellt. Die Dicke trägt man in das gezeichnete Teil ein (**2**.2). Prismatische, pyramidische und zylindrische Werkstücke stellt man meist in drei, manchmal auch in zwei oder nur einer Ansicht dar. Dabei ist die Vorderansicht die Ansicht, aus der die „wesentliche" Form des Werkstücks hervorgeht. Die Seitenansicht ergibt sich, wenn man rechtwinklig zur Vorderansicht von links auf das Werkstück blickt. Sieht man rechtwinklig zur Vorder- und Seitenansicht von oben auf das Teil, erhält man die Draufsicht. Die Anordnung der einzelnen Ansichten in den Feldern der „Projektachsen" zeigt Bild **2**.3.

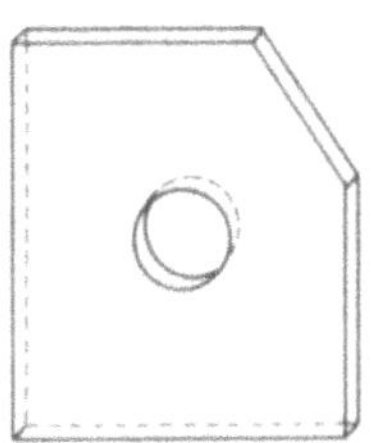

2.2 Flaches Werkstück

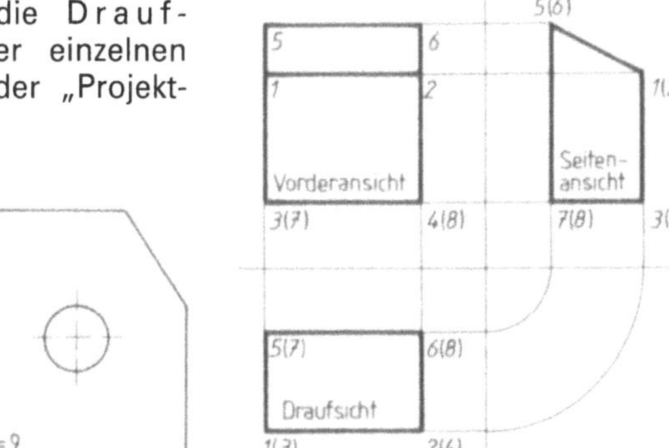

2.3 Vorderansicht, Seitenansicht und Draufsicht nach DIN 6

Die drei Ansichten werden nach einer festen Regel (DIN 6) angeordnet:

> Die Draufsicht steht senkrecht unter der Vorderansicht,
> die Seitenansicht steht waagerecht rechts neben der Vorderansicht.

Hält man sich an diese Anordnungsregel, kann man aus zwei gegebenen Ansichten jeweils die dritte konstruieren. Aus der Vorderansicht und der Draufsicht entwickelt man die Seitenansicht, indem man die Kanten bzw. Endpunkte aus der Vorderansicht herüberlotet und die Kanten aus der Draufsicht durch Projektion an der 45°-Linie des Zeichendreiecks oder mit dem Zirkel überträgt (**2**.4 a). Dieses Verfahren gilt auch für die Draufsicht aus Vorder- und Seitenansicht (**2**.4 b). Die Vorderansicht läßt sich durch Herüberloten der einzelnen Punkte aus der Draufsicht und der Seitenansicht konstruieren (**2**.5).

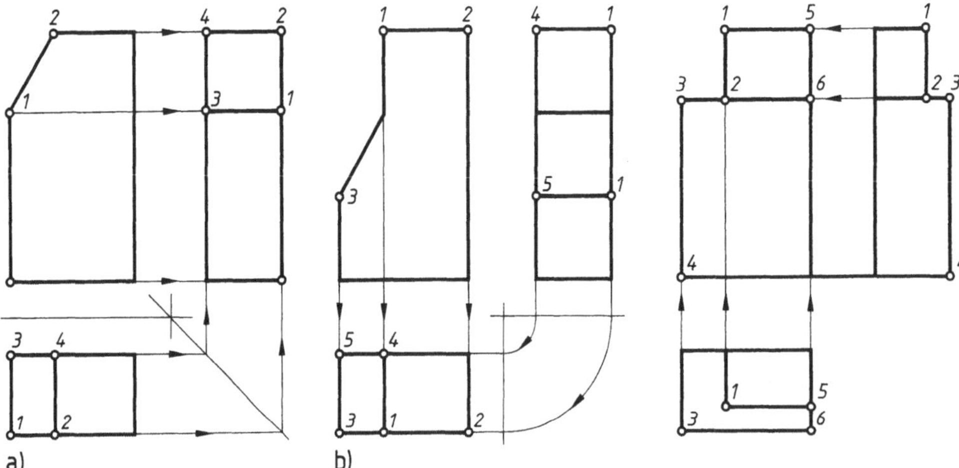

2.4 Herüberloten der Seitenansicht aus Vorderansicht und Draufsicht bzw. der Draufsicht aus Vorderansicht und Seitenansicht
a) durch Projektion an der 45°-Linie
b) durch Zirkelprojektion

2.5 Herüberloten der Vorderansicht aus Draufsicht und Seitenansicht

Projektionen. Werkstücke werden anschaulicher dargestellt in axonometrischen Projektionen (Axonometrie, griech. = Achsenmessung). Man unterscheidet nach DIN 5 Teil 1 die isometrische Projektion (iso = eins; hier: Einmaßigkeit) und nach DIN 5 Teil 2 die dimetrische Projektion (di = zwei; hier: Zweimaßigkeit). Im Gegensatz zur Zentralprojektion (DIN 5 Teil 10), bei der alle Linien in einem oder mehreren Fluchtpunkten zusammenlaufen, gehören die iso- und dimetrische Projektionen zu den Parallelprojektionen, bei denen alle in der Realität parallelen Kanten (z. B. eines Werkstücks) auch in der zeichnerischen Darstellung parallel gezeichnet werden.

Die isometrische Projektion eines Würfels und eines Werkstücks zeigt Bild **2**.6. Die Kanten *a* und *c* stehen zur waagerechten Grundlinie jeweils unter dem Winkel 30°. Die Kante *c* steht senkrecht zur Grundlinie. Das Seitenverhältnis $a:b:c = 1:1:1$ zeigt die Gleichwertigkeit der drei Ansichten. Diese Darstellungsart wird deshalb auch vorwiegend angewendet, wenn in allen drei Ansichten eines Werkstücks Wesentliches gezeigt werden soll.

Bei der dimetrischen Projektion betragen die Winkel der Kanten *a* und *c* zur Grundlinie 7° bzw. 42°. Eine Umkehrung der Winkel ist erlaubt. Das Seitenverhältnis beträgt $a:b:c = 1:1:0{,}5$ (also Zweimaßigkeit). Die Darstellung wird häufig angewendet, wenn in einer Ansicht Wesentliches gezeigt werden soll. Den Würfel und ein Werkstück in dimetrischer Projektion zeigt Bild **2**.7.

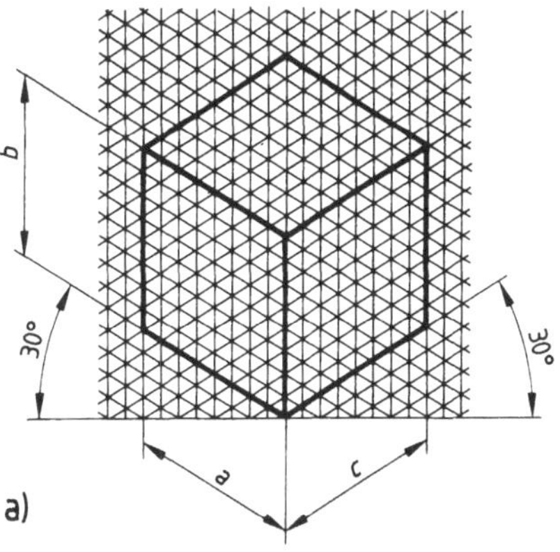

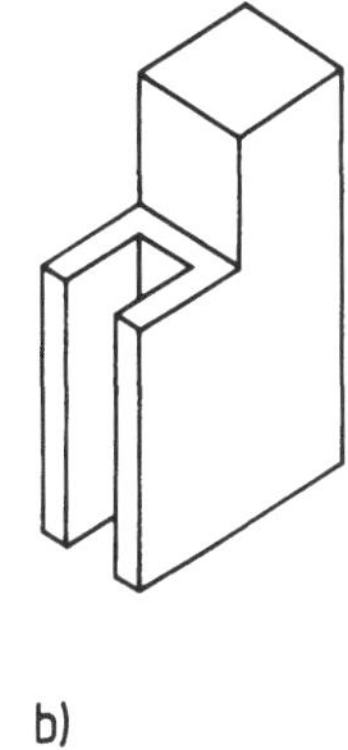

2.6 Isometrische Projektion a) eines Würfels, b) eines Werkstücks

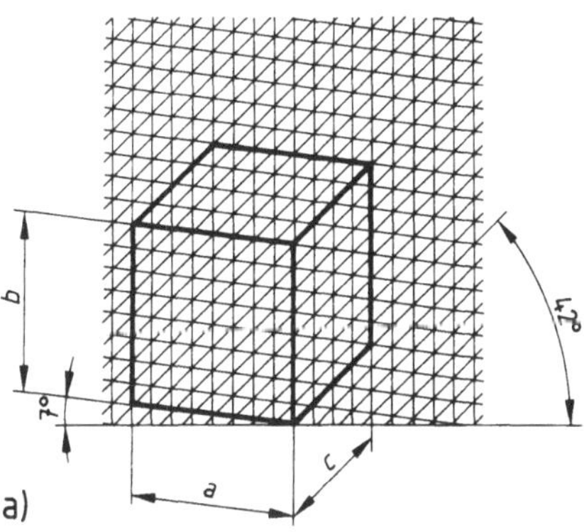

2.7 Dimetrische Projektion a) eines Würfels, b) eines Werkstücks

Auf weitere Projektionsarten nach DIN 5 Teil 10 wie trimetrische Projektion (tri = drei; hier: Dreimaßigkeit), Besonderheiten der dimetrischen Projektion, Frontalprojektion (Kabinettprojektion), Vogelprojektion (planometrische Projektion), Zentralprojektion u. a. soll hier nicht eingegangen werden.

Verdeckte Kanten werden in Zeichnungen durch schmale Strichlinien gekennzeichnet. Bild **2**.8 zeigt die dimetrische Projektion eines Führungstücks. Es ist gleichgültig, welche Seite als Vorderansicht gewählt wird, stets sind einige Kanten sowohl in der Vorderansicht als auch in Seitenansicht und Draufsicht verdeckt. Diese Kanten beginnen in der Zeichnung an der jeweiligen Körperkante und enden auch dort. Bild **2**.9 zeigt das Führungsstück in drei Ansichten.

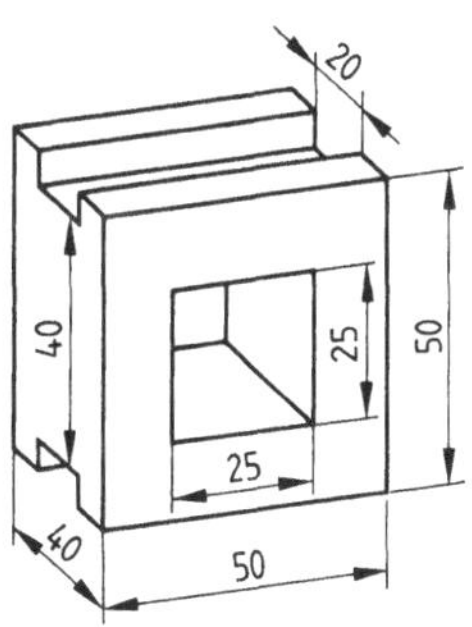

2.8 Führungsstück

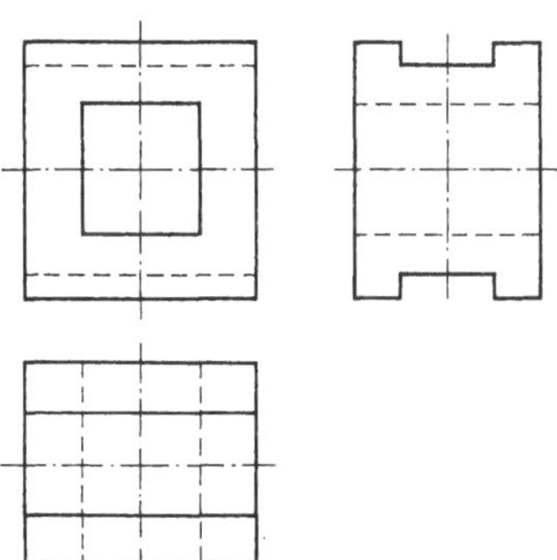

2.9 Führungsstück in drei Ansichten

2.2 Bemaßung (DIN 406)

Die Abmessungen und damit die Größe eines Werkstücks ergeben sich aus der Bemaßung, die in die Zeichnung eingefügt wird. Ohne Bemaßung wäre die Zeichnung unvollständig. Eingetragen wird die Bemaßung mit Hilfe von Maßlinien, Maßhilfslinien, Maßlinienbegrenzungen und Maßzahlen mit oder ohne Zeichen und Zusätze (**2**.8). Die Maßzahlen gelten dabei stets für den Endzustand des dargestellten Teils. Jedes Maß wird nur einmal angegeben.

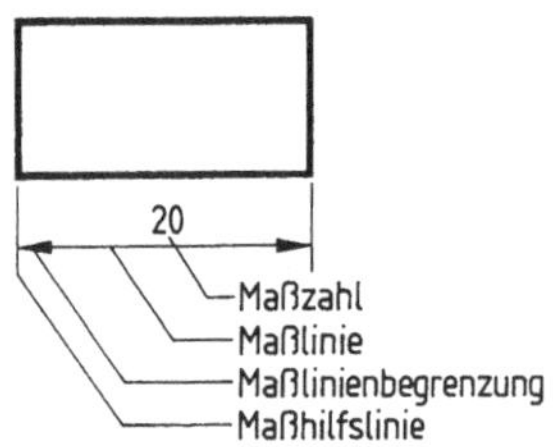

2.10 Bemaßung

Maßlinien sind dünne Vollinien. Sie sollen von der Körperkante mindestens 10 mm, von anderen Maßlinien wenigstens 7 mm Abstand haben. Maßzahlen setzt man möglichst in die Mitte über die durchgezogene Maßlinie (**2**.10).

Maßhilfslinien sind ebenfalls schmale Vollinien. Sie werden unmittelbar an die zu bemaßenden Körperkanten angesetzt und ragen etwa 2mm über die Maßlinienbegrenzungen hinaus.

Maßlinienbegrenzungen werden als ausgefüllte oder offene Maßpfeile oder Punkte oder als Schrägstriche ausgeführt (**2**.11). Für jede Zeichnung sollte man nur e i n e Art der Maßlinienbegrenzung anwenden. Bei Platzmangel sind Kombinationen von Maßpfeil und Punkt zulässig. Bei Maßlinien am Kreisbogen für Durchmesser und Radien setzt man nur einen Maßpfeil.

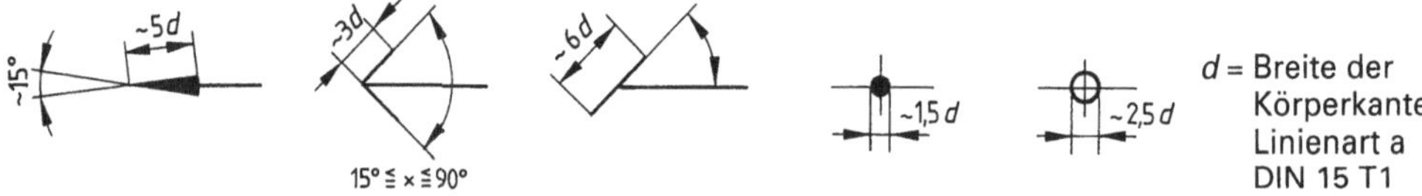

2.11 Maßlinienbegrenzungen

Maßzahlen sind so hoch, wie die Maßpfeile lang sind, mindestens aber 3,5 mm. Sie müssen in der Maßlinienrichtung lesbar sein, und zwar bei waagerecht liegenden Maßen von unten, bei senkrechten von rechts. Alle Maße gibt man in Millimeter an und trägt sie ohne Einheit in die Zeichnung ein. Einzelheiten s. DIN 406 Teil 2.

Bemaßungsregeln

1. Alle Maße übersichtlich, möglichst „fertigungsgerecht" und im Regelfall nur einmal eintragen.
2. Komplizierte Werkstücke so bemaßen, daß die größten Außenmaße unmittelbar ablesbar sind.
3. Maßlinien und Maßhilfslinien sollen sich und andere Linien möglichst nicht schneiden.
4. Kettenmaße vermeiden. Statt dessen eine Körperkante als „Maßbezugskante" wählen und die Maße darauf beziehen (**2**.12).

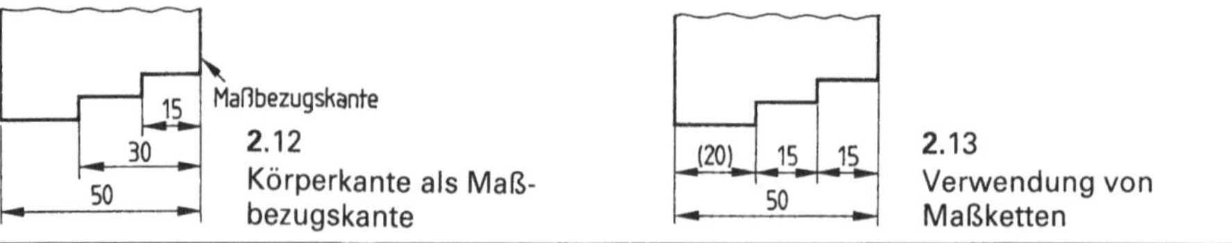

2.12 Körperkante als Maßbezugskante

2.13 Verwendung von Maßketten

5. Müssen Maßketten verwendet werden (z. B. bei Teilungen), bleibt eine Länge unbemaßt oder wird als Hilfsmaß gekennzeichnet, z. B. Maß (20) in Bild **2**.13.
6. Bei symmetrischen Werkstücken müssen Mittellinien als Maßbezugslinien und als Maßhilfslinien benutzt werden (**2**.14). Die Symmetrie wird durch eine Strichpunktlinie gekennzeichnet.
7. Körperkanten können als Maßhilfslinien verwendet werden (Maß 25 in Bild **2**.14).
8. Maße nur dann innerhalb einer Ansicht anordnen, wenn damit die Übersichtlichkeit größer wird.
9. Wenn der Raum zwischen den Maßhilfslinien zu klein ist, um Maßlinie und Maßzahl aufzunehmen, können die Maßlinien auch von außen an die Maßhilfslinien angesetzt werden (**2**.15 und **2**.16).
10. Bohrungsabstände immer von der Bohrungsmitte aus angeben (**2**.14).

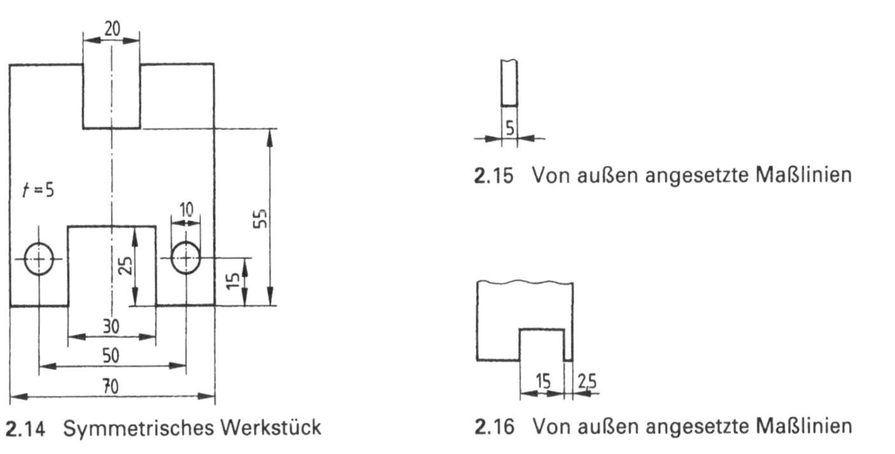

2.14 Symmetrisches Werkstück

2.15 Von außen angesetzte Maßlinien

2.16 Von außen angesetzte Maßlinien

Bemaßung von Werkstücken mit quadratischem Querschnitt. Hier haben die Seiten deckungsgleiche Rechtecke. Vorder- und Seitenansicht sehen gleich aus, deshalb kann eine Ansicht entfallen. Unter Umständen kann auch die Draufsicht wegbleiben; dann sind aber das Quadratzeichen und das Diagonalkreuz nach DIN 406 erforderlich (**2**.17).

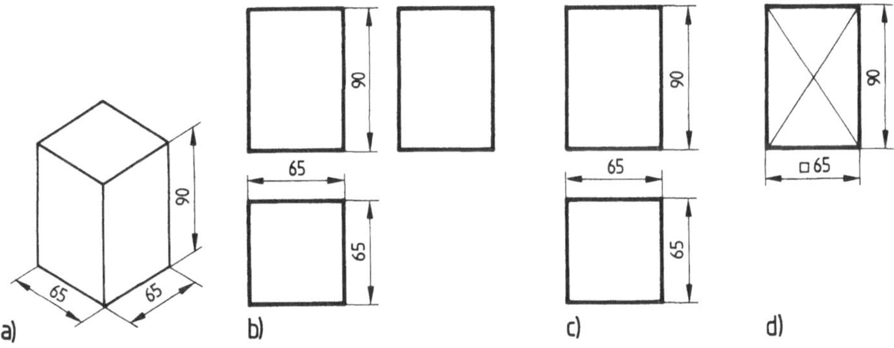

2.17 Quadratische Säule
a) isometrische Projektion, b) drei Ansichten, c) zwei Ansichten, d) eine Ansicht

Das Quadratzeichen ist ein vor der Maßzahl auf der Zeile stehendes Quadrat. Ebene vierseitige Mantelflächen kennzeichnet man mit dem Diagonalkreuz, sofern das Profil nicht in einer anderen Ansicht dargestellt ist. Die Linien des Diagonalkreuzes sind so breit wie die Maßlinien.

Bemaßung von Werkstücken mit rundem Querschnitt. Bei stehenden Rundsäulen sind Vorder- und Seitenansicht deckungsgleiche Rechtecke. Die Seitenansicht ist deshalb auch hier überflüssig. Trägt man in die Vorderansicht beide Körpermaße (Durchmesser und Höhe) ein, kann auch die Draufsicht entfallen (**2**.18). Der Maßzahl für den Durchmesser steht dann das Durchmesserzeichen voran (Kreis in Kleinbuchstabengröße mit einer unter 75° geneigten Linie). Die Linie ist so breit wie die Maßzahlen. Das Durchmesserzeichen muß stehen, wenn das Durchmessermaß nicht mit zwei Pfeilen an den Kreis gesetzt wird.

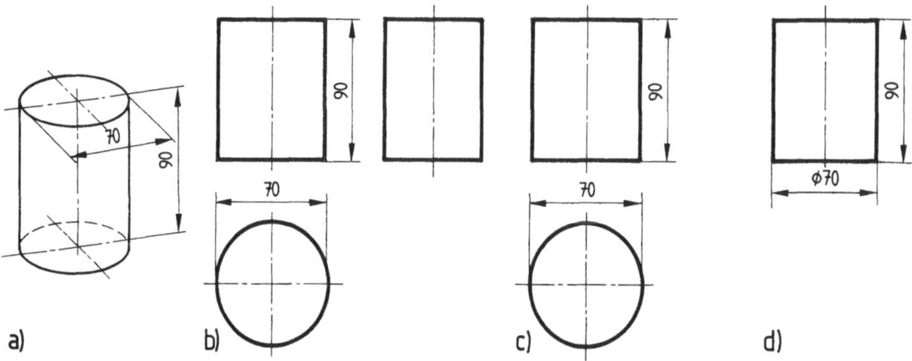

2.18 Rundsäule
a) dimetrische Projektion, b) drei Ansichten, c) zwei Ansichten, d) eine Ansicht

Für Bohrungen gelten allgemein die gleichen Bemaßungsregeln wie für Werkstücke mit rundem Querschnitt. Das Durchmesserzeichen ø wird auch hier angegeben, wenn

- aus der Ansicht die Kreisform nicht erkennbar ist,
- die Maßlinie nur einen Pfeil hat (Maß ø 30 in Bild **2**.19).
- das Maß mit einer „Bezugslinie" eingetragen ist (Maß ø3 in Bild **2**.19).

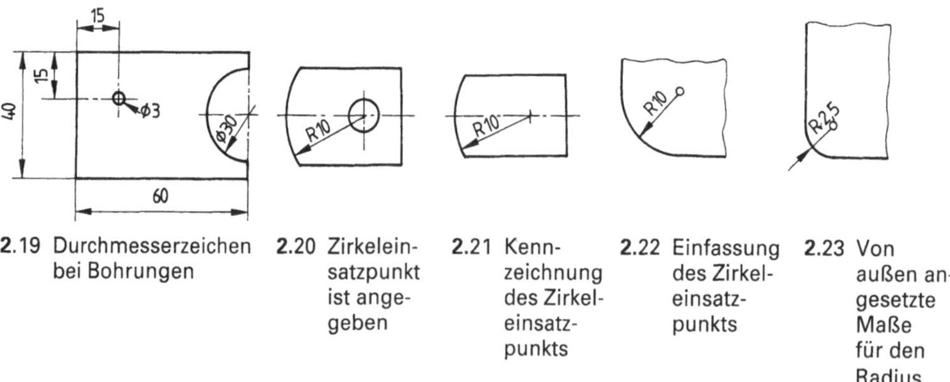

2.19 Durchmesserzeichen bei Bohrungen

2.20 Zirkeleinsatzpunkt ist angegeben

2.21 Kennzeichnung des Zirkeleinsatzpunkts

2.22 Einfassung des Zirkeleinsatzpunkts

2.23 Von außen angesetzte Maße für den Radius

Radien werden mit dem Großbuchstaben R vor der Maßzahl versehen. Die Radiusangabe hat nur einen Pfeil am Kreisbogen. Beispiele sind in den Bildern **2**.20 bis **2**.26 angegeben für die Kennzeichnung mit und ohne Zirkeleinsatzpunkt. Bei Platzmangel wird der Maßpfeil von außen angesetzt (**2**.23). Bei großen Radien wird die Maßlinie durch zweimaliges rechtwinkliges Abknicken gekürzt.

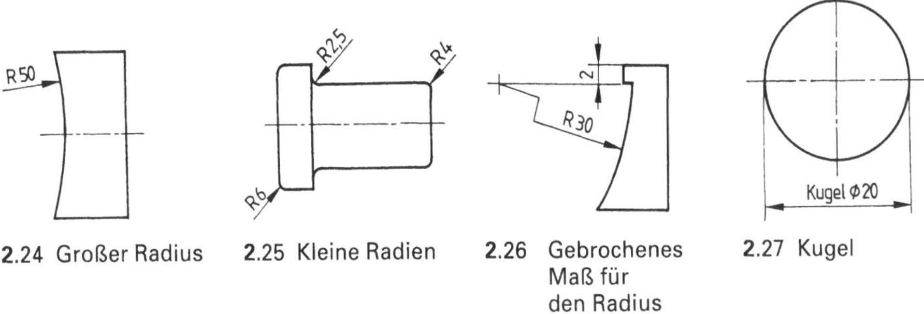

2.24 Großer Radius **2.25** Kleine Radien **2.26** Gebrochenes Maß für den Radius **2.27** Kugel

Der Umriß einer Kugel ist in jedem Fall ein Kreis. Für die Darstellung reicht eine Ansicht. Die Bemaßung erfolgt durch die Angabe „Kugel" vor dem Durchmesserzeichen und der Maßzahl (**2**.27).

2.3 Schnittdarstellung

Hohle Werkstücke werden oft im Schnitt dargestellt. Dabei denkt man sich den Körper in Längsrichtung der Körperachse durchgeschnitten und zeichnet die Vorderansicht der hinteren Körperhälfte. Der Hohlraum (z. B. Bohrung) wird durch Vollinien dargestellt, die geschnittenen Flächen schraffiert man (**2**.28). Die Schraffurlinien haben die Dicke der Maßlinien und sind um etwa 45° zur Grundlinie geneigt. Ihr Abstand ist innerhalb einer Zeichnung einheitlich. Er richtet sich nach der Größe der Schnittfläche und darf weder zu groß noch zu klein sein.

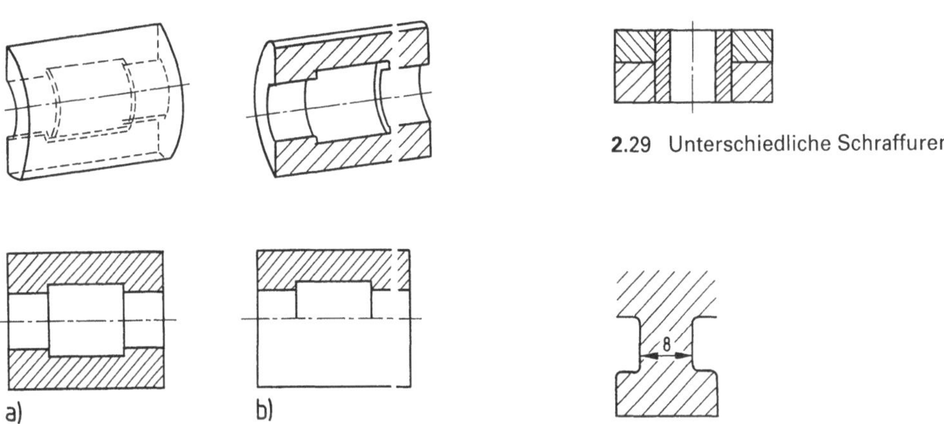

2.29 Unterschiedliche Schraffuren

2.28 Werkstück im Schnitt
a) Vollschnitt, b) Halbschnitt

2.30 Unterbrochene Schraffur

Schnittflächen verschiedener Werkstücke erhalten unterschiedliche Schraffuren durch verschiedene Richtungen oder Abstände (**2**.29). Strichlinien für verdeckte Körperkanten trägt man in Schnittdarstellungen nicht ein, wenn sie entbehrlich sind. Maßeintragungen in schraffierte Flächen stören und werden deshalb vermieden. Ist das nicht möglich, muß man die Schraffur unterbrechen (**2**.30).

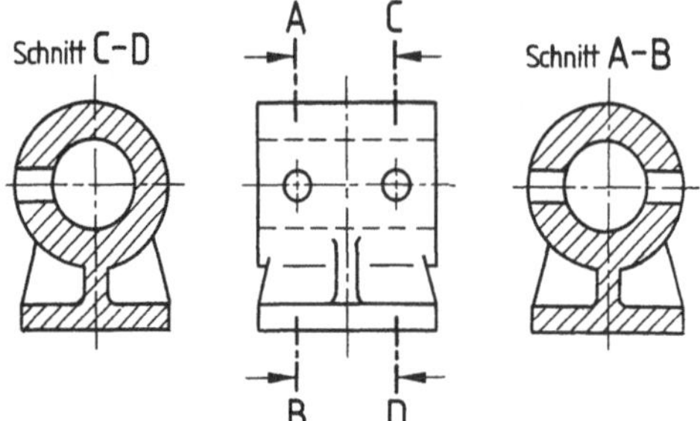

2.31 Kennzeichnung von Schnitten

Schnittlinie. In besonderen Fällen schneidet man ein Werkstück nur „zur Hälfte" (Halbschnitt) oder wählt eine versetzte Schnittebene statt der durchgehenden. Diese Schnittlinien haben die Breite der Vollinien, sind aber kürzer als die Mittellinien. Bei mehreren Schnitten bzw. unübersichtlichem Schnittverlauf versieht man die Schnittlinien mit Großbuchstaben in alphabetischer Reihenfolge (**2**.31).

2.4 Bruch- und Gewindedarstellung (DIN 406 bzw. DIN ISO 6410)

Bruchdarstellung. Gleichförmig schlanke Werkstücke werden abgebrochen gezeichnet, die Bruchstellen durch freihändige, nicht übertrieben regelmäßige Bruchlinien gekennzeichnet. Bruchlinien haben die Breite der Maßlinien. Die Beispiele **2**.32 bis **2**.34 zeigen die Unterbrechung mit einfachen Freihandlinien. Verläuft ein Bruch durch eine schraffierte und eine nicht schraffierte Fläche, ist eine gemeinsame Bruchlinie erforderlich (**2**.35).

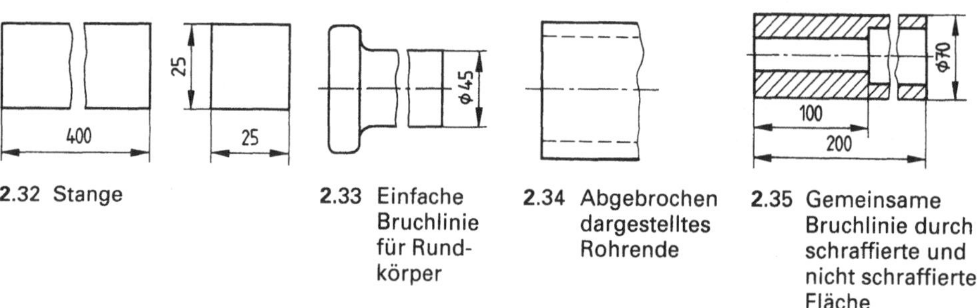

2.32 Stange

2.33 Einfache Bruchlinie für Rundkörper

2.34 Abgebrochen dargestelltes Rohrende

2.35 Gemeinsame Bruchlinie durch schraffierte und nicht schraffierte Fläche

Gewindedarstellung. Das Hauptmaß für alle Gewinde ist der Gewinde-Nenndurchmesser. Er wird bei Innengewinden mit *D*, bei Außengewinden mit *d* bezeichnet (**2**.36 und **2**.37). Gewinde sollen nach einer Empfehlung der ISO durch schmale Vollinien angedeutet werden. Ein Beispiel für je ein Außen- und Innengewinde zeigen die Bilder **2**.38 und **2**.39.

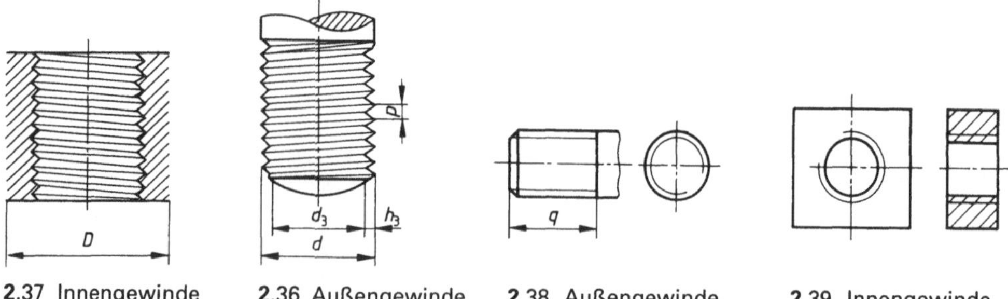

2.37 Innengewinde

2.36 Außengewinde

2.38 Außengewinde (Kegelkuppe)

2.39 Innengewinde (durchgehend)

2.5 Oberflächenangabe

Die Beschaffenheit von Werkstückoberflächen muß aus der Zeichnung ersichtlich sein. Nach DIN ISO 1302 werden dafür Symbole verwendet (**2**.40). Sie sind in Zeichnungen allerdings nur anzugeben, wenn sie für die Funktionstauglichkeit des Werkstücks erforderlich sind – und dann nur an den Oberflächen, an denen es notwendig ist. Auf die Angabe der Oberflächenbeschaffenheit kann man ebenfalls verzichten, wenn die üblichen Fertigungsverfahren einen ausreichenden Endzustand des Werkstücks sicherstellen.

Tabelle **2**.40 **Oberflächensymbole nach DIN ISO 1302**

	Grundsymbol. Zwei Linien ungleicher Länge, die zur Grundlinie der Oberfläche um 60° geneigt sind. Das Symbol ist allein nicht aussagefähig.
	Dieses Symbol sagt aus, daß die Oberfläche materialtrennend bearbeitet werden muß (z. B. durch Teilen, Fräsen, Drehen, Schleifen).
gefräst	Die Erweiterung des rechten Schenkels durch eine waagerechte Linie ist das Symbol für eine besondere Oberflächenangabe, bei der das Fertigungsverfahren in ungekürzter Wortangabe geschrieben wird. Die Schreibweise zeigt den Endzustand des Werkstücks (also „gefräst", nicht „fräsen").
	Das Symbol gilt für eine Oberfläche, bei der eine materialabtrennende Bearbeitung nicht zugelassen ist, es sich also um eine spanlose Fertigung handelt (z. B. Gußflächen, verchromte Oberflächen).

An das Oberflächensymbol werden weitere Angaben geschrieben. Zwei Beispiele zeigt Bild **2**.41.

- Bild **2**.41 a: Die Außenfläche des Werkstücks wird materialtrennend mit einer Rauhtiefe R_z von 6,3 µm behandelt (1 µm = 0,001 mm; s. DIN ISO 1302).
- Bild **2**.41 b: An die Flächen des Werkstücks kann man vereinfacht Angaben mit Symbol und einem Buchstaben schreiben. Die Bedeutung der vereinfachten Angabe wird auf der Zeichnung in der Nähe des Teils oder im Schriftfeld angegeben. Das Symbol kann aus Platzgründen auch mit einem Bezugspfeil an die Werkstückoberfläche gezeichnet werden.

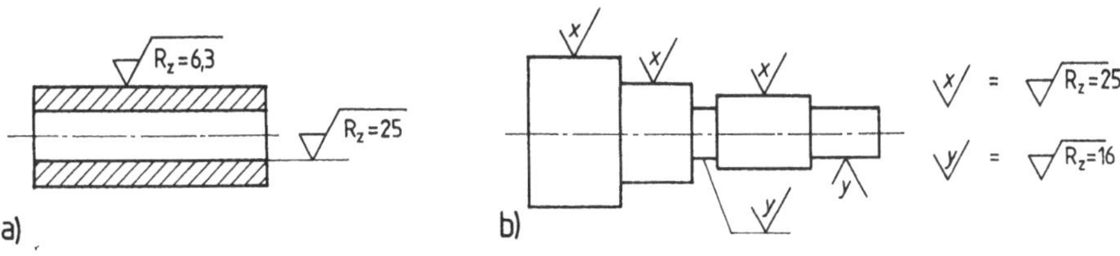

2.41 Oberflächenzeichen mit weiteren Angaben

2.6 Koordinatenbemaßung

Die Koordinatenbemaßung nach DIN 406 T 3, T 4 wird angewendet in Zeichnungen von Werkstücken, die auf numerisch gesteuerten Werkzeugmaschinen (z. B. CNC-Maschinen) hergestellt werden. Bei diesen Maschinen werden der Vorschub, die Geschwindigkeit der Werkzeuge usw. von einem eingegebenen Programm gesteuert.

Zum Einsatz kommen das kartesische und das polare Koordinatensystem. Wir wollen hier nur das polare näher erläutern. Darin werden die Polarkoordinaten mit einem Leitstrahl R und dem Polarwinkel φ definiert (**2**.42). Der Polarwinkel wird von der Polarachse entgegen dem Uhrzeigersinn angegeben (Linksdrehung); diese Drehrichtung ist positiv. Die Koordinatenachsen – sie können bei Bedarf mit Großbuchstaben (z. B. A und B) bezeichnet werden – sind durch den Koordinaten-Nullpunkt und die Richtung der Bemaßung festgelegt. Der Koordinaten-Nullpunkt ist der Schnittpunkt der Koordinaten. Er kann in Zeichnungen durch Flächen, Bohrungsmittelpunkte, Symmetrieachsen usw. festgelegt werden (**2**.43 bis **2**.45).

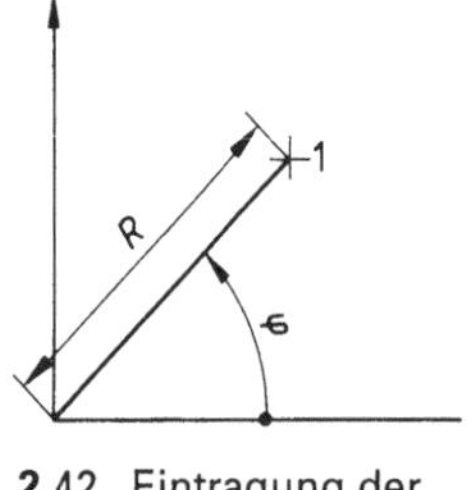

2.42 Eintragung der Polarkoordinaten

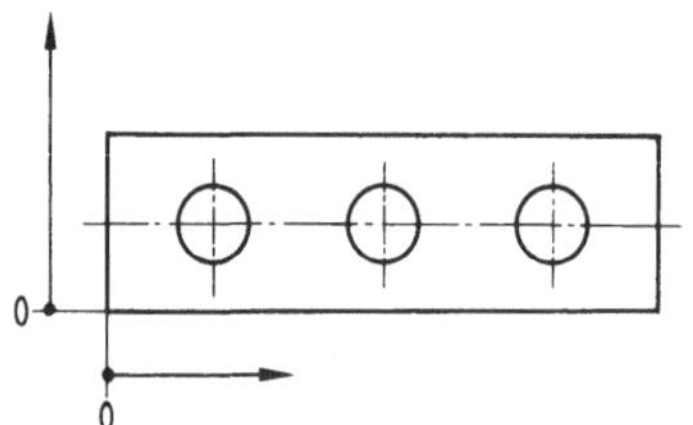

2.43 Fläche als Basis für den Koordinaten-Nullpunkt

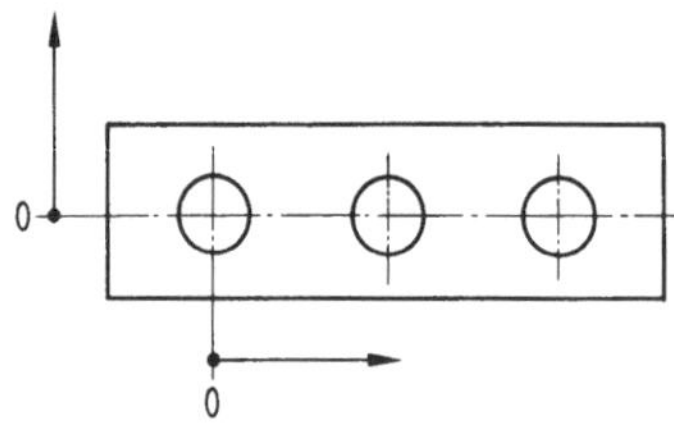

2.44 Bohrung als Basis für den Koordinaten-Nullpunkt

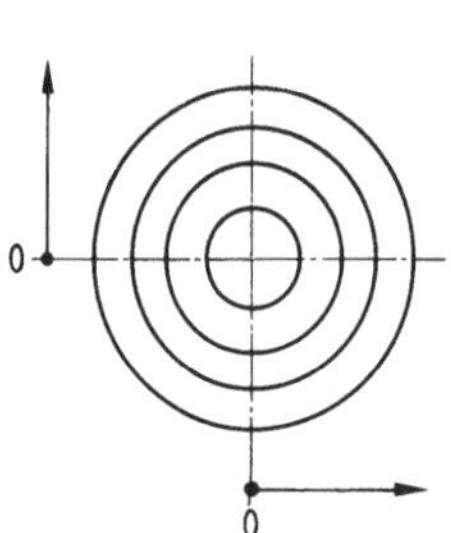

2.45 Symmetrieachsen als Basis für den Koordinaten-Nullpunkt

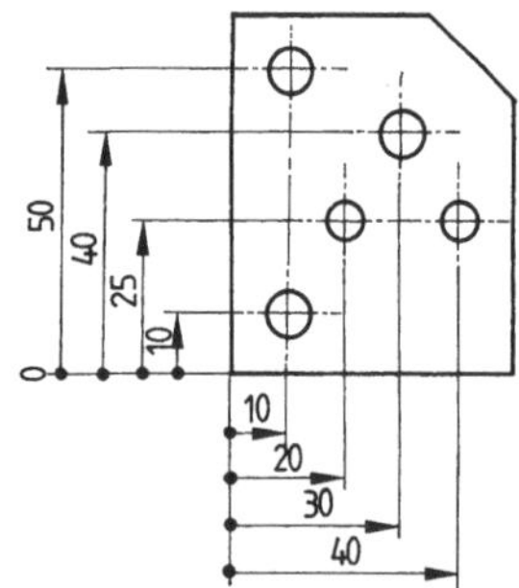

2.46 Bezugsbemaßung

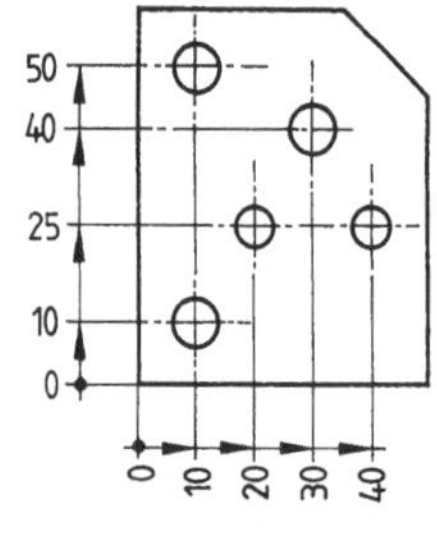

2.47 Bezugsbemaßung mit steigender Bemaßung

Die unterschiedlichen Arten der Koordinatenbemaßung zeigen die folgenden Beispiele, in denen nur die Lagen zu bemaßen sind:

- **Bezugsbemaßung** (absolutes Maßsystem, **2**.46) mit einem Maßpfeil vom gleichen Bezugselement aus.
- **Bezugsbemaßung** mit steigender Bemaßung vom Koordinaten-Nullpunkt aus (**2**.47).
- **Zuwachsbemaßung** (inkrementale Bemaßung oder Kettenbemaßung, **2**.48). Jedes Maß auf der gemeinsamen Maßlinie gibt den Zuwachs an.
- **Bemaßung mit Hilfe von Tabellen.** Im Beispiel **2**.49 ist der Mittelpunkt der unteren linken Bohrung Koordinaten-Nullpunkt.

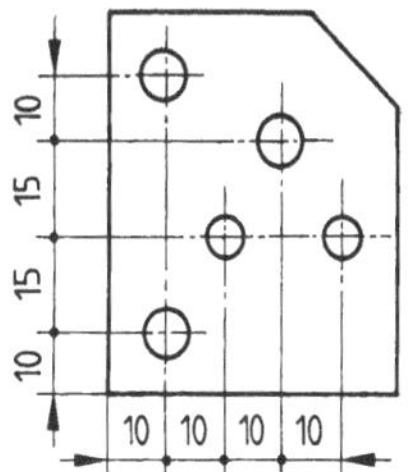

2.48 Zuwachsbemaßung

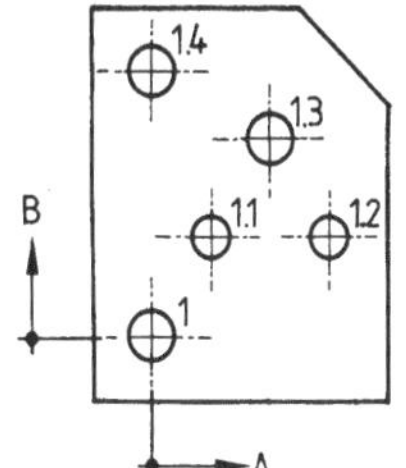

Koordinaten-Nullpunkt	Positions-Nr.	Koordinaten A	Koordinaten B	Bohrungsdurchmesser in mm
1	1	0	0	8
1	1.1	10	15	6
1	1.2	30	15	6
1	1.3	20	30	8
1	1.4	0	40	8

2.49 Bemaßung mit Tabelle

2.7 Darstellung von Abwicklungen und Gebäudegrundrissen

Die Abwicklung ist die in einer Ebene ausgebreitete Oberfläche eines Körpers. Diese Darstellungsart hat besonderc Bedeutung für den Behälterbau und den Rohrleitungsbau. Abwicklungen lassen Form und Abmessungen z. B. eines Blechzuschnitts eindeutig erkennen. Die Biegelinien zeichnet man als dünne Vollinien. Bei der Konstruktion muß man aus den verschiedenen Ansichten des Körpers die „wahren" Längen der einzelnen Kanten herausziehen (**2**.50).

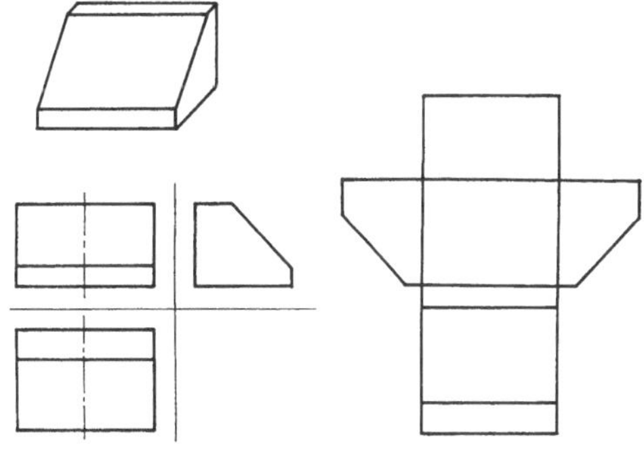

2.50 Abwicklung eines prismatischen Körpers

Grundrißzeichnungen gehören zu den Bauzeichnungen. DIN 1356 enthält alle Angaben über normgerechtes Zeichnen im Hochbau, über Arten, Maßstäbe und Inhalte der Bauzeichnungen. Auch Elektriker müssen Bauzeichnungen lesen können. (Warum?) Dabei sind besonders die Darstellungen der Grundrisse und einiger Bauteile wie Mauerwerk, Fenster und Türen wichtig.

Unter einem Grundriß versteht man die Draufsicht auf den unteren Teil eines waagerecht geschnittenen Bauobjekts. Der Schnitt ist so zu legen, daß sämtliche Maueröffnungen des jeweiligen Geschosses (z. B. Keller, Erdgeschoß) geschnitten werden.

Mauerwerk wird in einfarbigen Zeichnungen schraffiert mit dünnen Vollinien unter 45° dargestellt. Fenster, Türen und Durchgänge nimmt man aus der Schraffur heraus. Die Maße in Bauzeichnungen sind meist Rohbaumaße. Längen über ein Meter werden gewöhnlich ohne Eintragung der Einheit in Meter angegeben, Längen unter einem Meter in der Einheit cm (**2**.51 auf S. 20). Als Maßbegrenzung stehen in Bauzeichnungen vorwiegend Schrägstriche, Punkte und Kreise. Bei Wandöffnungen schreibt man die Breite über die Höhe und trennt beide durch die Maßlinie voneinander. Rechteckige Querschnitte (z. B. Kamin) werden als Bruch mit schrägem Bruchstrich angegeben.

Bauteile wie Fenster, Türen, Nischen und Treppen können verschieden gebaut werden und werden daher auch unterschiedich gezeichnet. Beispiele zeigen die Bilder **2**.52 bis **2**.55.

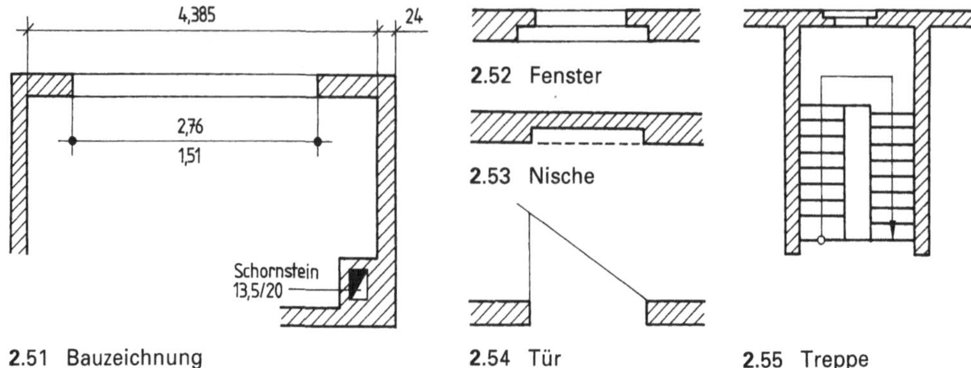

2.51 Bauzeichnung

2.52 Fenster

2.53 Nische

2.54 Tür

2.55 Treppe

3 Darstellung elektrotechnischer Schaltungen

Schaltungsunterlagen. Elektrotechnische Geräte und Anlagen werden durch Schaltungsunterlagen dargestellt. Darin stehen für die in den elektrischen Anlagen eingesetzten Betriebsmittel (Leitungen, Schaltelemente, Steckvorrichtungen, Anschlußklemmen, Geräte, Meßinstrumente usw.) S c h a l t z e i c h e n oder S c h a l t k u r z z e i c h e n. Als Sinnbilder symbolisieren sie häufig die Funktion des Betriebsmittels. Im Gegensatz zu den in Abschnitt 2 besprochenen Werkstückzeichnungen lassen Schaltpläne keine Rückschlüsse auf die äußere Form und die Bauweise der Geräte zu.

Zu den Schaltungsunterlagen gehören Schaltplan, Diagramm, Tabelle und Beschreibung.

Der Schaltplan (engl. diagram) ist nach DIN 40719 T1 die zeichnerische Darstellung elektrischer Betriebsmittel durch Schaltzeichen, ggf. auch durch Abbildungen oder vereinfachter Konstruktionszeichnungen. Der Schaltplan zeigt die Beziehung der elektrischen Betriebsmittel zueinander und ihre Verbindung. Schaltpläne sollen möglichst im spannungslosen, d. h. ausgeschalteten Zustand der Anlage gezeichnet werden. Sie müssen übersichtlich sein und sollen Leitungen möglichst „kreuzungsfrei" zeigen.

Das Diagramm (engl. chart) ist die grafische Darstellung berechneter oder beobachteter Werte. Ein Diagramm stellt das Wesentliche heraus und vermittelt dadurch einen schnellen, leicht faßlichen und einprägsamen Eindruck (s. Abschn. 3.6).

Dic Tabelle (engl. table) ist eine systematisch angeordnete Übersicht und soll ohne erläuternden Text verständlich sein. Sie ergänzt oder ersetzt einen Schaltplan oder ein Diagramm.

Die Beschreibung (engl. description) ist die sprachliche Fassung eines Sachverhalts.

3.1 Einteilung der Schaltungsunterlagen

Man teilt die Schaltungsunterlagen ein nach Zweck und Art der Darstellung (**3**.1).

Tabelle **3**.1 **Schaltungsunterlagen**

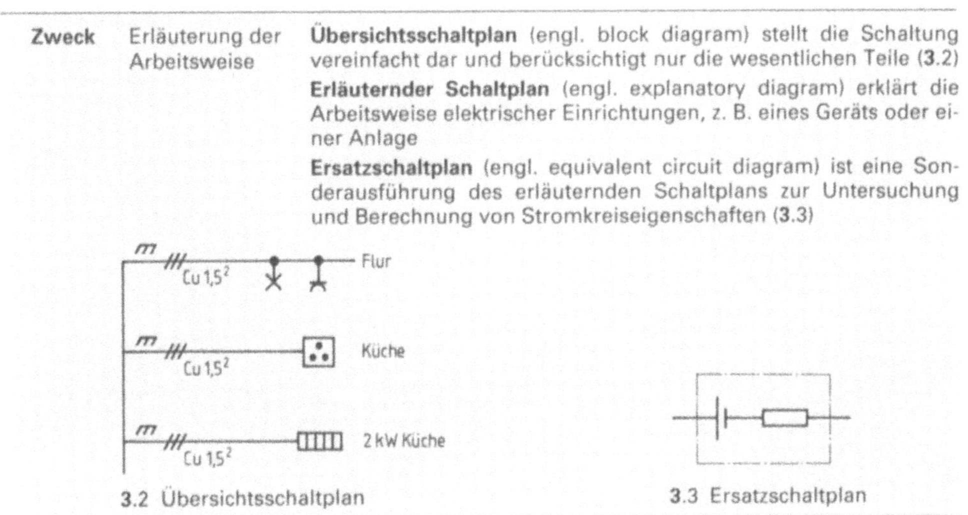

Zweck	Erläuterung der Arbeitsweise	**Übersichtsschaltplan** (engl. block diagram) stellt die Schaltung vereinfacht dar und berücksichtigt nur die wesentlichen Teile (**3**.2)
		Erläuternder Schaltplan (engl. explanatory diagram) erklärt die Arbeitsweise elektrischer Einrichtungen, z. B. eines Geräts oder einer Anlage
		Ersatzschaltplan (engl. equivalent circuit diagram) ist eine Sonderausführung des erläuternden Schaltplans zur Untersuchung und Berechnung von Stromkreiseigenschaften (**3**.3)

3.2 Übersichtsschaltplan

3.3 Ersatzschaltplan

Fortsetzung s. nächste Seiten

Tabelle **3**.1, Fortsetzung

Zweck	Erläuterung der Arbeitsweise	**Stromlaufplan** (engl. circuit diagram) gibt eine ausführliche Darstellung der Schaltung mit allen Einzelteilen (**3**.4) Diese Pläne können ergänzt werden durch erläuternde Tabellen und Diagramme (engl. explanatory tables and charts), Ablaufdiagramme und -tabellen (engl. sequence charts und tables) sowie Zeitablaufdiagramme oder -tabellen (engl. time sequence charts or tables, **3**.5)
	Erläuterung der Verbindungen und räumlichen Lage	**Verdrahtungsplan** (engl. wiring diagram) zeigt die leitenden inneren und/oder äußeren Verbindungen zwischen elektrischen Betriebsmitteln, gibt aber nur selten Aufschluß über die Wirkungsweise **Geräteverdrahtungsplan** (engl. unit wiring diagram) stellt alle Verbindungen innerhalb eines Geräts oder einer Gerätekombination dar (**3**.6) **Verbindungsplan** (engl. interconnection diagram) zeigt die Verbindungen zwischen den Geräten oder Gerätekombinationen (**3**.7)

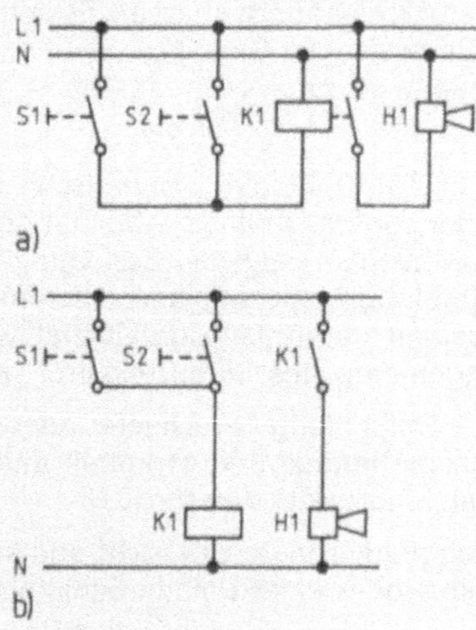

3.4 Stromlaufplan
a) zusammenhängende Darstellung
b) aufgelöste Darstellung

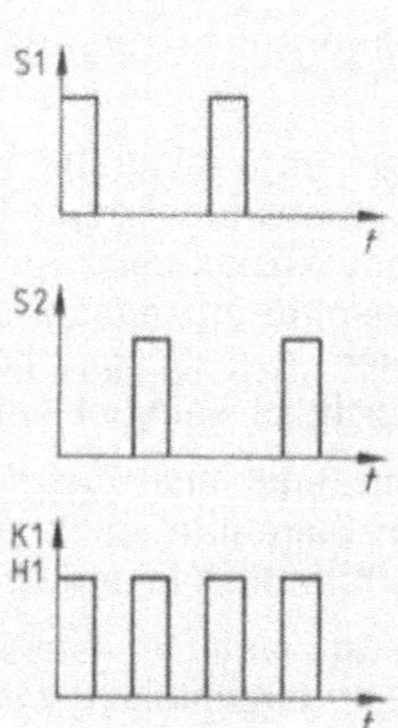

3.5 Zeitablaufdiagramm

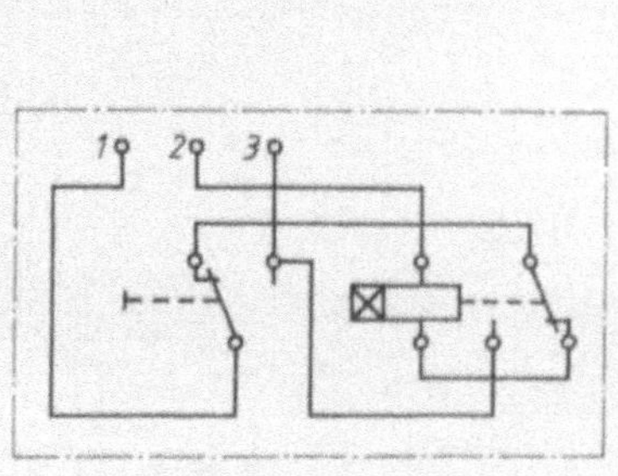

3.6 Geräteverdrahtungsplan

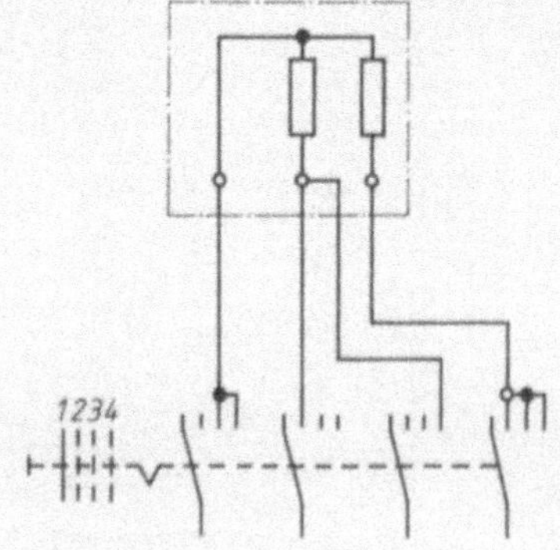

3.7 Verbindungsplan

Zweck Erläuterung der Verbindungen und räumlichen Lage

Anschlußplan (engl. terminal diagram) zeigt die Anschlußpunkte einer elektrischen Einrichtung und die angeschlossenen inneren und äußeren Verbindungen (**3**.8)

Anordnungsplan (engl. location diagram) enthält Angaben über die räumliche Lage elektrischer Betriebsmittel, muß nicht maßstäblich sein (**3**.9)

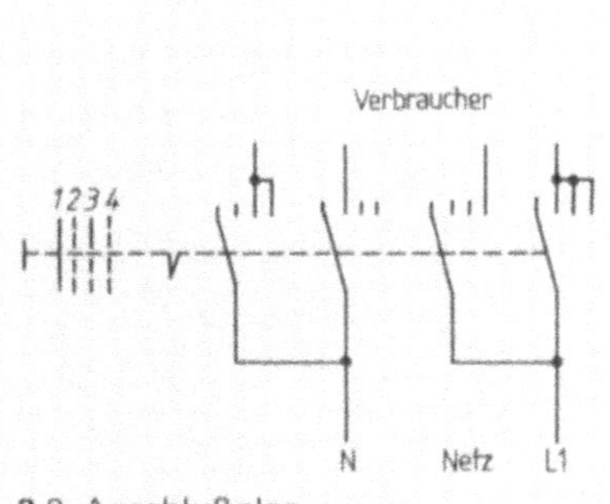

3.8 Anschlußplan

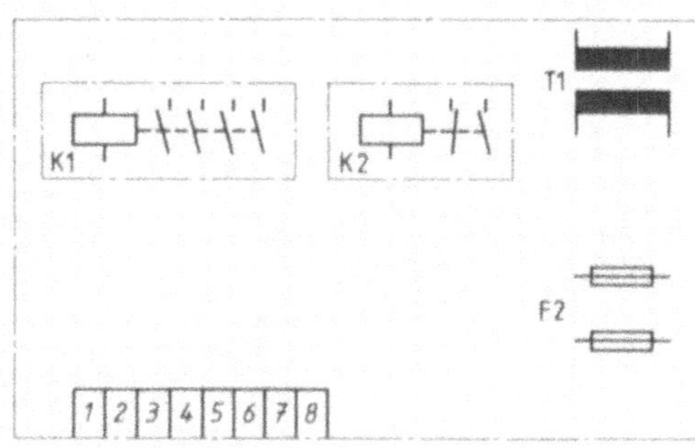

3.9 Anordnungsplan

Art Einpolige Darstellung

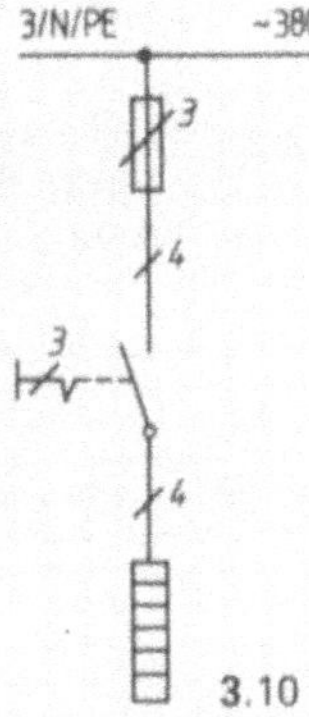

(engl. single-line representation) gibt zwei oder mehrere Leiter durch eine einzige Linie wieder bzw. mehrere gleiche Geräte oder Bauelemente durch ein einziges Schaltzeichen (**3**.10)

3.10 Einpolige Darstellung

Mehrpolige Darstellung

(engl. multiline representation) gibt jeden Leiter bzw. jedes andere elektrische Betriebsmittel durch ein Schaltzeichen wieder (**3**.11 auf S. 24)

zusamenhängend (engl. assembled) zeichnet alle Schaltzeichen zusammenhängend

halbzusammenhängend (engl. semiassembled) stellt die Schaltzeichen für die verschiedenen Teile getrennt und so angeordnet dar, daß die Schaltzeichen für die mechanischen Verbindungen eingezeichnet werden können (**3**.12 auf S. 24)

aufgelöst (engl. detached) gibt die Schaltzeichen für die elektrischen Betriebsmittel oder ihre Teile getrennt und so angeordnet, daß jeder Stromweg möglichst geradling verläuft und leicht zu verfolgen ist (**3**.13 auf S. 24)

lagerichtig (engl. topographical). Hier entspricht die Lage der Schaltzeichen oder der vereinfachten Konstruktionszeichnung

Art	Mehrpolige Darstellung

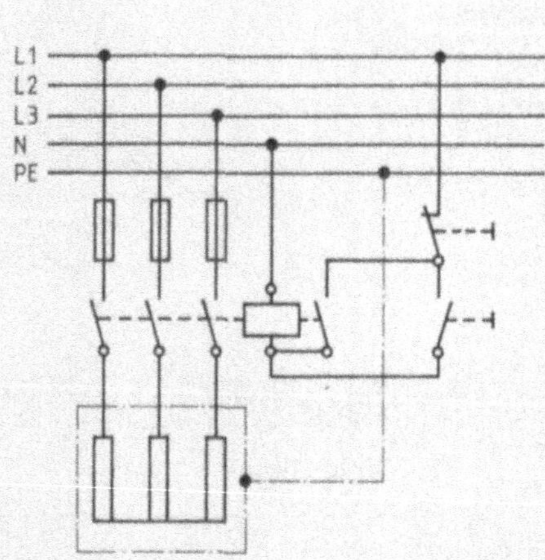

3.11 Stromlaufplan in mehrpoliger zusammenhängender Darstellung

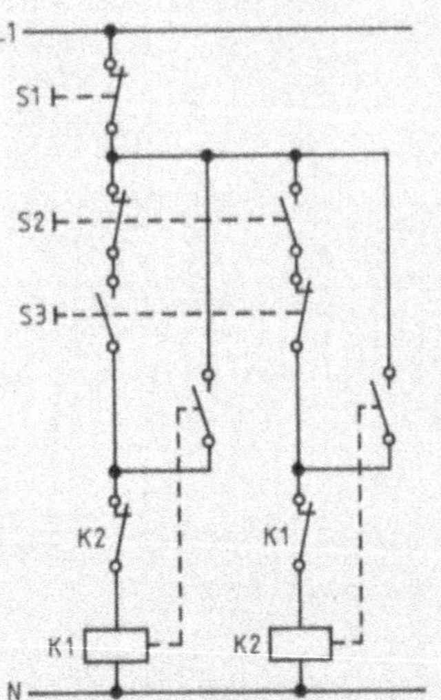

3.12 Stomlaufplan in halbzusammenhängender Darstellung

Mehrpolige Darstellung

ganz oder teilweise oder räumlichen Lage des Betriebsmittels. Die Zeichnung braucht nicht maßstäblich zu sein (3.14). Beispiele sind Verdrahtungspläne wie 3.6, Installationspläne (engl. architectural diagrams) wie 3.15

In den einzelnen Schaltplänen dürfen unterschiedliche Darstellungsarten angewendet werden.

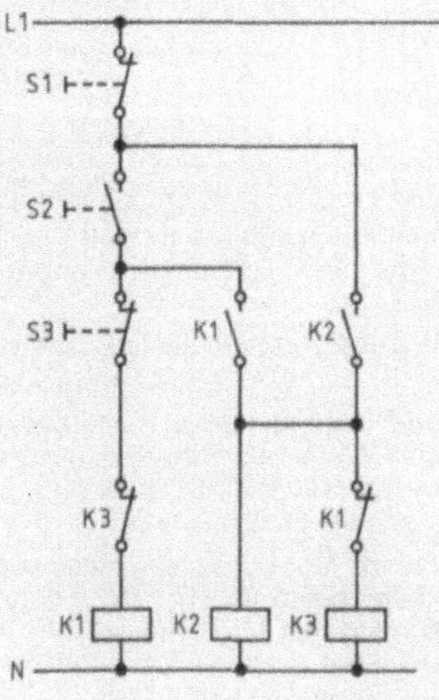

3.13 Stromlaufplan in aufgelöster Darstellung

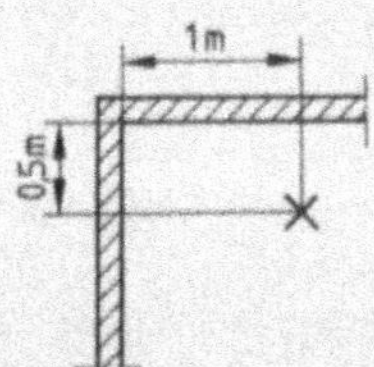

3.14 Lagerichtige Darstellung

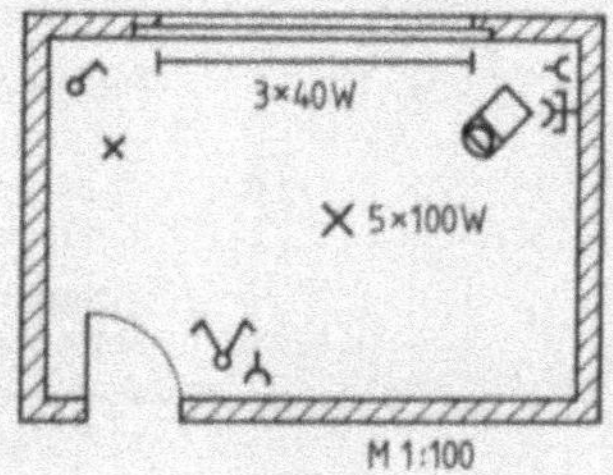

3.15 Installationsplan

3.2 Anschlußbezeichnungen für Schaltgeräte

Schaltgeräte für Antriebe werden nach DIN 46199 mit Buchstaben und Ziffern bezeichnet. Für die Wicklungen magnetischer Antriebe (Relais, Schütze) verwendet man die alpha-numerische Bezeichnung A1 – A2.

Anschlußklemmen von Betriebsmitteln im Hauptstromkreis kennzeichnet man mit nur einem Buchstaben zwischen 1 bis 9 (**3**.16). Dies gilt auch für die Hauptstromauslöser von Relais (z. B. thermische Überstromrelais in Bild **3**.19).

3.16 Anschlußklemmen

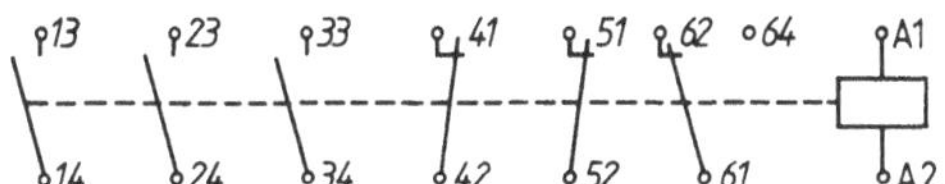

3.18 Platzzıttern und Funktionsziffern Hilfsschütz mit 3 Schließern, 2 Öffnern und einem Wechsler

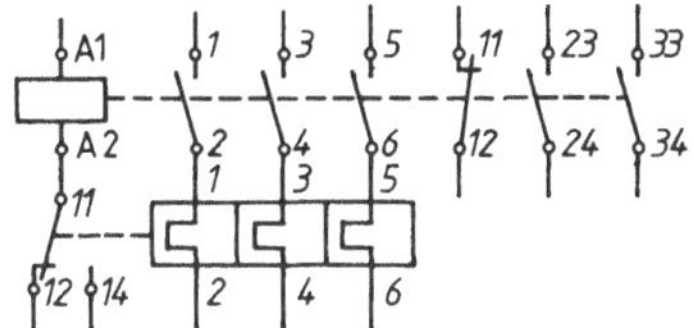

3.19 Schütz mit Überstromrelais

	1.	2.	3.
Öffner 1–2	1 / 2	1 / 2	1 / 2
Schließer 3–4	3 / 4	3 / 4	3 / 4
Wechsler 1–2–4	2 4 / 1	2 4 / 1	2 4 / 1
Öffner mit verlängerter Kontaktgabe 5–6	5 / 6	5 / 6	5 / 6
Schließer mit verlängerter Kontaktgabe 7–8	7 / 8	7 / 8	7 / 8
Wischer 9–0	9 / 0	9 / 0	9 / 0

3.17 Möglichkeiten der Darstellung von Schaltgliedern nach DIN 40713 mit Funktionsziffern

Für Schaltglieder in Hilfsstrom- und Steuerstromkreisen und für Hilfsschütze verwendet man Anschlußbezeichnungen aus einer „Platzziffer“ und einer „Funktionsziffer“. Die Funktionsziffern der einzelnen Schaltglieder (Kontakte) von Bauelementen zeigt Bild **3**.17. Beim Wechsler, der von einem Überstromrelais betätigt wird, ist auch noch die Bezeichnung 95 – 96 – 98 üblich und erlaubt. Platzziffern legen den Platz innerhalb eines Schaltgeräts fest. Die Platzziffer steht vor der Funktionsziffer und wird von 1 an fortlaufend numeriert (**3**.18) Die Platzziffer kann entfallen, wenn nur ein Öffner und ein Schließer vorhanden sind.

Bild **3**.19 zeigt ein Schütz mit Überstromrelais und einem Wechsler. Die Hilfskontakte des Relais werden mit 11 – 12 – 14 bezeichnet.

Elektrische Betriebsmittel werden nach ihrer Eigenschaft in Arten eingeteilt. Für jede Art ist eine Kennbuchstabe festgelegt (s. Anhang).

3.3 Halbleiterbauelemente

Man unterscheidet stromrichtungs u n a b h ä n g i g e Bauelemente (z. B. NTC-, PTC- und VDR-Widerstände) und stromrichtungs a b h ä n g i g e Bauelemente (z. B. Dioden, Transistoren und Thyristoren).

Tabelle 3.20 **Halbleiterbauelemente mit Schaltzeichen und Kennlinie**

Bauelemente	Verhalten/Beschreibung	Einsatzbeispiele
Stromrichtungsunabhängige Bauelemente		
NTC-Widerstand (Heißleiter) 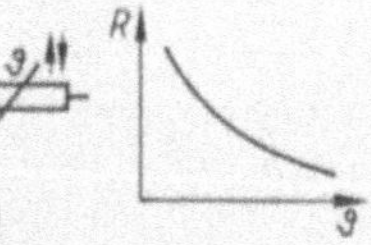 a)	Ausgeprägtes Temperaturverhalten. Der Widerstand nimmt mit steigender Temperatur stark ab.	wenn der Einfluß der Umgebungstemperatur kompensiert werden muß, zur Temperaturmessung, in Anlagen zur „elektrischen Messung" nichtelektrischer Größen (z. B. Höhenstands-, Strömungsmessungen)
PTC-Widerstand (Kaltleiter) 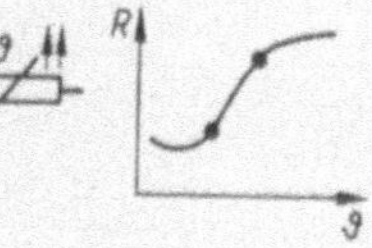 b)	In einem bestimmten Temperaturbereich ausgeprägtes Temperaturverhalten. Der Widerstand nimmt mit steigender Temperatur zu.	in Temperaturmeßanlagen, als Motorschutz, in Schaltungen zur Stromstabilisierung
VDR-Widerstand (Varistor) 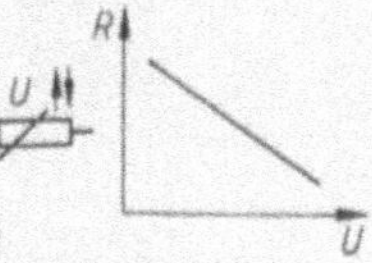 c)	Spannungsabhängig: nimmt mit zunehmender Spannung ab.	wenn die Spannung in einem Bauteil begrenzt oder stabilisiert werden soll
LDR-Widerstand (Fotowiderstand) 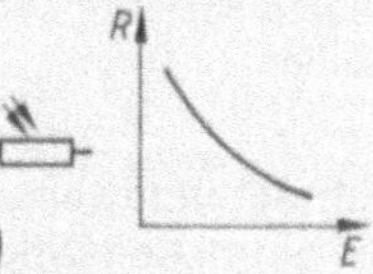 d)	Ändert den Widerstand unter Lichteinwirkung (z. B. Beleuchtungsstärke E). Der Widerstand nimmt mit zunehmendem Lichteinfall ab.	in „Dämmerungsschaltungen", „Relaisschaltungen" für Rolltreppen, Fahrstühle und Türen
MDR-Widerstand (Feldplatte) 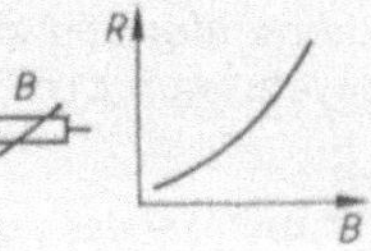 e)	Ändert den Widerstand unter Einwirkung des Magnetfelds (z. B. magnetische Flußdichte B).	als Meßfühler für magnetische Größen, zum „magnetischen" Messen nichtelektrischer Größen wie Druck, Weg und Drehzahl

Fortsetzung s. nächste Seite

Tabelle 3.20, Fortsetzung

Bauelemente	Verhalten/Beschreibung	Einsatzbeispiele
Stromrichtungsabhängige Bauelemente		
Diode 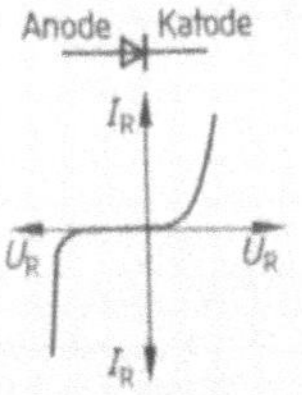 Anode Katode	Eins der wichtigsten Bauelemente der Halbleitertechnik. Anschlüsse sind Anode und Katode.	bei Gleich- und Wechselrichtung, bei der Modulation und Demodulation als „elektrisches Ventil"
Transistor 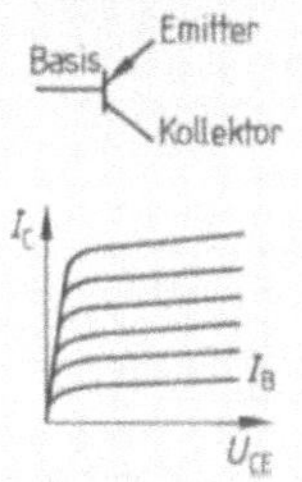 Emitter Basis Kollektor	Besteht aus 3 Schichten: PNP oder NPN. 3 Grundschaltungen: Emitter-, Basis- und Kollektorschaltung	als Verstärker, Schalter, manchmal als Gleichrichter
Thyristor 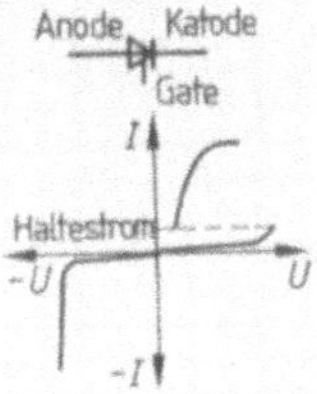 Anode Katode Gate	Steuerbare Diode. Anschlüsse: Anode (Kollektor), Katode (Emitter), Gate (Tor)	zum Schalten und Steuern großer Leistungen, häufig in der Energietechnik

3.4 Grundlagen der digitalen Steuerungstechnik

Eine Steuerung ist nach DIN 19226 der Vorgang in einem System, bei dem eine oder mehrere Eingangsgrößen (-signale, z. B. E1, E2, E3) andere Größen als Ausgangsgrößen (-signale, z. B. A1, A2, A3) auf Grund der systemeigentümlichen Gesetzmäßigkeit (Logik), beeinflussen. Eine Steuerung vollzieht sich im offenen Wirkungsablauf, weil die Ausgangsgrößen keinen Einfluß auf die Eingangssignale haben.

Binär-digitale Steuerung. Sind bei solchen Steuerungsvorgängen nur zwei Schaltzustände möglich – z. B. „Aus" und „Ein" –, spricht man von einer binär-digitalen Steuerung (binär = zweiwertig, digital = schrittweise) oder kurz von einer digitalen Steuerung. Digitale Steuerungen lassen sich mit unterschiedlichen physikalischen Größen durchführen (z. B. elektrisch, pneumatisch, mechanisch). Es ergeben sich zwei voneinander getrennte „Wertebereiche", die man als Pegel (Signalpegel) mit 1 oder 0 – aber auch mit H (engl. High = hoch) und L (Low = niedrig) für die positive Logik – bezeichnet. Die Eingangsgrößen digitaler Bauelemente sollen hier mit E, die Ausgangsgrößen mit A bezeichnet werden.

Logische Schaltungen. Die binär-digitale Steuerung (oder das binär-digitale Signalsystem) wird vor allem in den logischen Schaltungen angewendet. Dieser Ausdruck besagt, daß Eingangs- und Ausgangssignale logisch, d. h. folgerichtig miteinander verknüpft sind. Zu den logischen Bausteinen gehören u. a. das UND-Glied, das ODER-Glied, das NICHT-Glied, das NOR-Glied und das NAND-Glied. Eine Übersicht mit Erklärungen, Kontaktplandarstellungen, schaltalgebraischen Gleichungen, Wahrheitstabellen (Funktions- oder auch Arbeitstabellen) und Symbolen zeigt Tabelle **3**.21.

Tabelle **3**.21 **Logische Schaltungen**

Benennung	UND	ODER	NICHT	NAND	NOR
Erklärung	Das Ausgangssignal A hat den Wert 1, wenn alle Eingangssignale E den Wert 1 haben.	Das Ausgangssignal A hat den Wert 1, wenn ein oder mehrere Eingangssignale E den Wert 1 haben.	Das Ausgangssignal A hat den Wert 0, wenn das Eingangssignal E den Wert 1 hat (Signalumkehr – Negation).	Das Ausgangssignal A hat den Wert 0, wenn alle Eingangssignale E den Wert 1 haben.	Das Ausgangssignal A hat den Wert 0, wenn ein oder mehrere Eingangssignale E den Wert 1 haben.
Kontaktschaltung	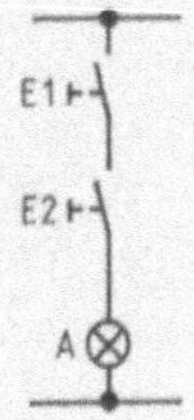 E1, E2, A	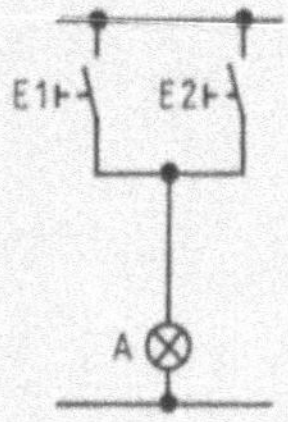 E1, E2, A	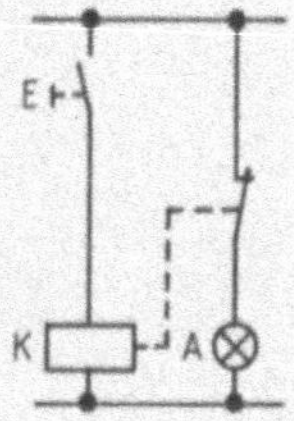 E, K, A	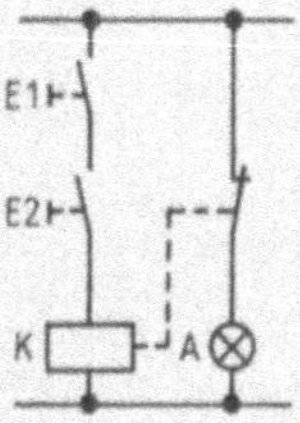 E1, E2, K, A	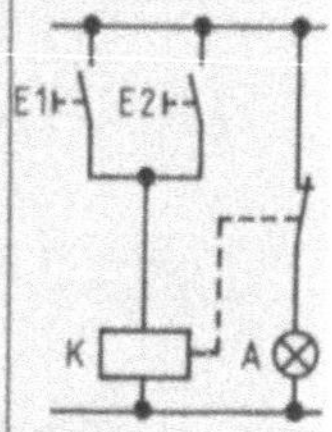 E1, E2, K, A
Schaltalgebraische Gleichung	$E1 \wedge E2 = A$	$E1 \vee E2 = A$	$E = \overline{A}$ $\overline{E} = A$	$E1 \wedge E2 = \overline{A}$ $\overline{E1 \wedge E2} = A$	$E1 \vee E2 = \overline{A}$ $\overline{E1 \vee E2} = A$
Wahrheitstabelle	E1 E2 A 0 0 0 0 1 0 1 0 0 1 1 1	E1 E2 A 0 0 0 0 1 1 1 0 1 1 1 1	E A 0 1 1 0	E1 E2 A 0 0 1 0 1 1 1 0 1 1 1 0	E1 E2 A 0 0 1 0 1 0 1 0 0 1 1 0
Schaltzeichen Symbol	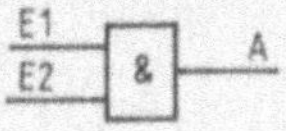 E1, E2, &, A	 E1, E2, ≧1, A	 E, 1, A	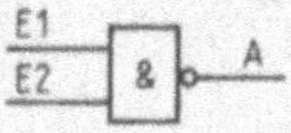 E1, E2, &, A	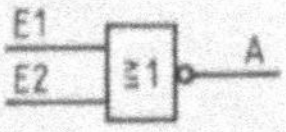 E1, E2, ≧1, A

3.5 Einführung in die speicherprogrammierte Steuerung

Im Gegensatz zur Kontaktsteuerung (z. B. Schütze oder Relais mit Schaltern aller Art) und kontaktlosen Steuerungen (Dioden, Transistoren u. a.) hat die speicherprogrammierte Steuerung (SPS) den Vorteil, daß das Steuerungsprogramm nicht durch die Art der Verdrahtung, sondern durch Programmieren eingegeben und gespeichert wird. Änderungen sind ohne Schaltungsänderungen durch Programmänderung möglich.

An die Eingänge des Steuergeräts werden die Signalgeber (z. B. Taster), an die Ausgänge die Stellglieder (z. B. Schütze) angeschlossen (**3**.22).

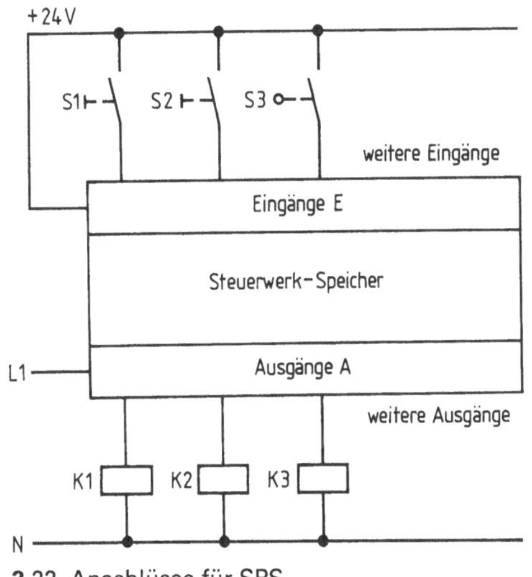

3.22 Anschlüsse für SPS

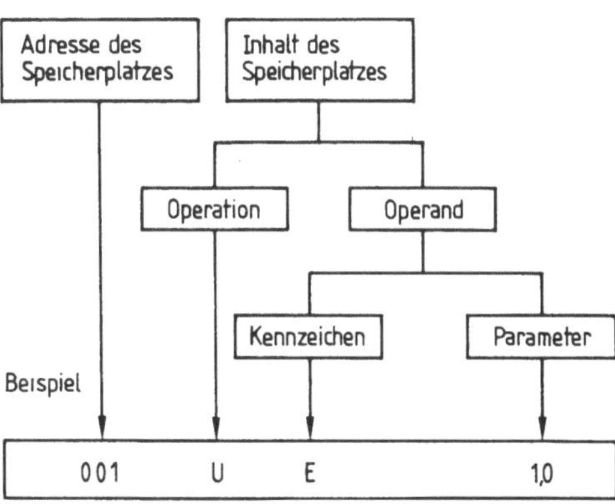

3.23 Struktur von Steuerungsanweisungen nach DIN 19239

Bei der Programmiersprache der SPS werden drei Grunddarstellungsarten unterschieden:

- der Funktionsplan (FUP),
- der Kontaktplan (KOP),
- die Anweisungsliste (AWL):

Nach DIN 19239 (5.83) haben die Steuerungsanweisungen für die SPS einheitliche Struktur. Sie enthalten neben der A d r e s s e des Speicherplatzes den I n h a l t, bestehend aus der O p e r a t i o n und dem O p e r a n d e n mit einem K e n n z e i c h e n und dem P a r a m e t e r (**3**.23).

Wir wollen das Programmieren einer SPS an einem einfachen Beispiel erläutern und gehen von einer UND-verknüpften Schützschaltung aus.

Der Stromlaufplan der Schützschaltung **3**.24 ist mit den Bezeichnungen S1, S2 und K1 vom Automatisierungsgerät der SPS so nicht zu lesen. Die Bezeichnungen müssen deshalb in die entsprechende Programmiersprache „übersetzt" werden. Bei umfangreicheren Schaltungsplänen ist eine „Zuordnungsliste" zweckmäßig.

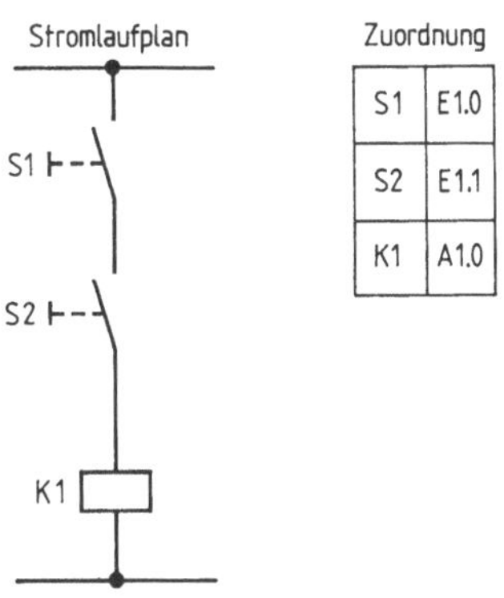

Zuordnung

S1	E1.0
S2	E1.1
K1	A1.0

3.24 Stromlaufplan

Im Funktionsplan (FUP) ist die Wirkungsweise der Schaltung durch Symbole der Digitaltechnik dargestellt. In diesem einfachen Fall ist der FUP nur das Symbol der UND-Verknüpfung (**3**.25 auf S. 30). Die Bezeichnungen der Ein- und Ausgänge müssen den Herstellerangaben entsprechen.

Kontaktpläne (KOP) werden so dargestellt, daß sie von links nach rechts zu lesen sind (**3**.26). Sie sind eng mit den Stromlaufplänen verwandt. Manche Programmiergeräte gestatten die direkte Eingabe der Steuerungsbefehle als KOP.

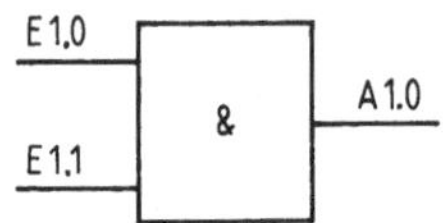

3.25 Funktionsplan

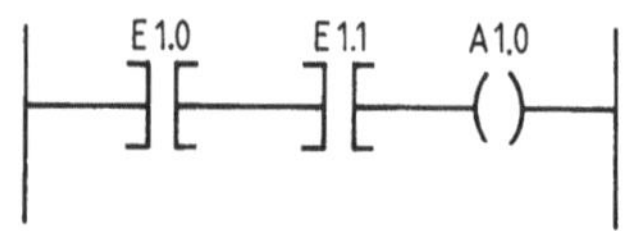

3.26 Kontaktplan

Die wichtigsten Symbole für Kontaktpläne sind:

unbetätigter Schließer, betätigter Öffner

betätigter Schließer, unbetätigter Öffner

Merker, Schütze, Relais

Anweisungsliste (AWL). Die Programmiersprachen der Geräte verschiedener Hersteller zeigen deutliche Unterschiede, vor allem in den Angaben für die erste Steuerungsanweisung (z. B. U, O, L) und die Angabe der Parameter (z. B. 001 oder 1.0). Wir wollen je nach Forderung U bzw. O und 1.0 1.1 usw. verwenden (**3**.27; Herstellerangaben beachten). Die Tab. **3**.28 zeigt die wichtigsten Steuerungsoperationen und ihre Kurzzeichen in deutsch und englisch. In Tab. **3**.29 sind einige Operanden zusammengestellt.

000	———	
001	U	E 1.0
002	U	E 1.1
003	=	A 1.0
004	PE*	

3.27 Anweisungsliste

Das Programmende wird z. B. mit PE (oder BE) angegeben. Wir wollen bei dieser ersten Betrachtung darauf verzichten.

Operation	Kurzzeichen
UND (and)	U (A)
UND NICHT (and not)	UN (AN)
ODER (or)	O
ODER NICHT (or not)	ON
Zuweisung	=
Setzen (set)	S
Rücksetzen (reset)	R

Tabelle **3**.29 **Operanden mit Kurzzeichen und Parameter**

Kennzeichen	Kurzzeichen	Parameter z. B.
Eingang (input)	E (I)	1.0 bis 1 ...
Ausgang (output)	A (Q)	1.0 bis 1 ...
Merker (marker)	M	1.0 bis 1 ...
Zeitglied (timer)	T	1.0 bis 1 ...
Zähler (counter)	Z (C)	

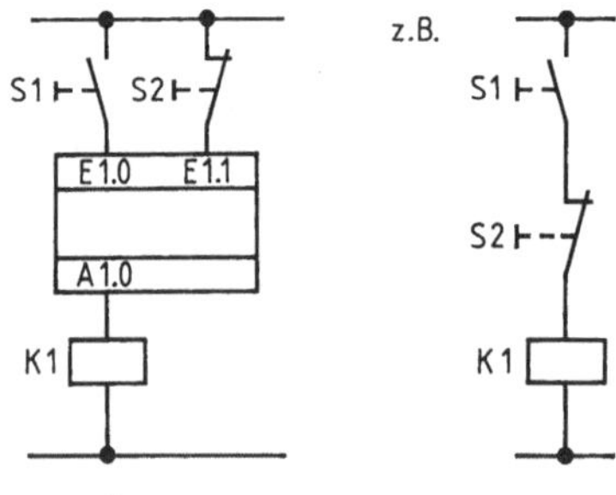

3.30 Öffner am Eingang

Auf zwei Besonderheiten soll hier noch hingewiesen werden:

1. Öffner am Eingang des Automatisierungsgeräts (AG). Das Automatisierungsgerät kann nicht entscheiden, ob z. B. ein 1-Signal von einem betätigten Schließer oder einem nicht betätigten Öffner stammt. Entscheidend für den Ausgang ist aber, daß ein 1-Signal vorhanden ist (**3**.30).

Es gilt daher für:

1-Signal wenn	Schließer betätigt	oder Öffner nicht betätigt ist
Darstellung für Taster		
Darstellung für FUP		
Darstellung für KOP		
Darstellung in der AWL	z.B. U	z.B. U

Grundsätzlich kann man bei der SPS das Einschalten (Setzen) und das Ausschalten (Rücksetzen) mit einem Schließer realisieren. Dann ließe sich jedoch die Anlage bei einem Drahtbruch nicht abschalten. Um der Forderung nach Drahtbruchsicherheit (und Erdschlußsicherheit) nachzukommen, erfolgt die Programmierung so, daß zum Einschalten Schließer und zum Ausschalten Öffner verwendet werden.

0-Signal wenn	Schließer nicht betätigt	oder Öffner betätigt ist
Darstellung für Taster		
Darstellung für FUP		
Darstellung für KOP		
Darstellung in der AWL	z.B. UN	z.B. UN

2. Merker. Für nicht unmittelbar auf den Ausgang wirkende Zwischenverknüpfungen (in der Kontakttechnik werden dazu Hilfsschütze eingesetzt) verwendet man in der SPS die Merker. Das sind Speicherelemente, die sich einen „Befehl merken". Bild **3**.31 gibt ein Beispiel dazu.

Auf Merker kann man verzichten, wenn das Programm für die Anweisungsliste mit Klammern () geschrieben wird (s. hierzu Tab. **3**.21). Die AWL mit der Klammerschreibweise zeigt Bild **3**.32.

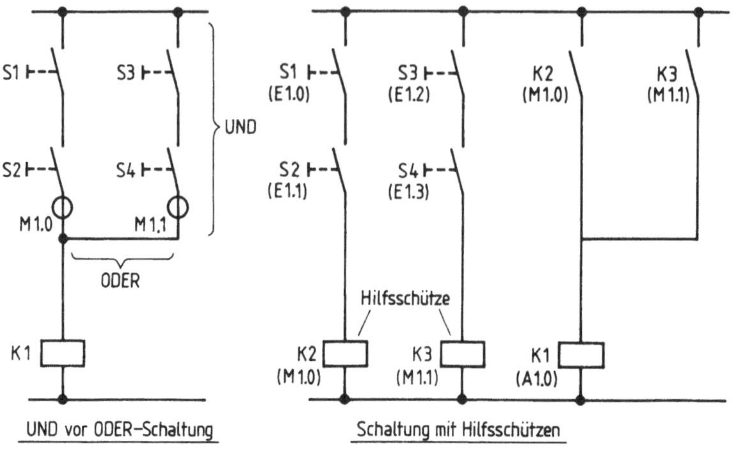

000	——	
001	O	(
002	U	E 1.0
003	U	E 1.1
004	)	
005	O	(
006	U	E 1.2
007	U	E 1.3
008	)	
009	=	A 1.0

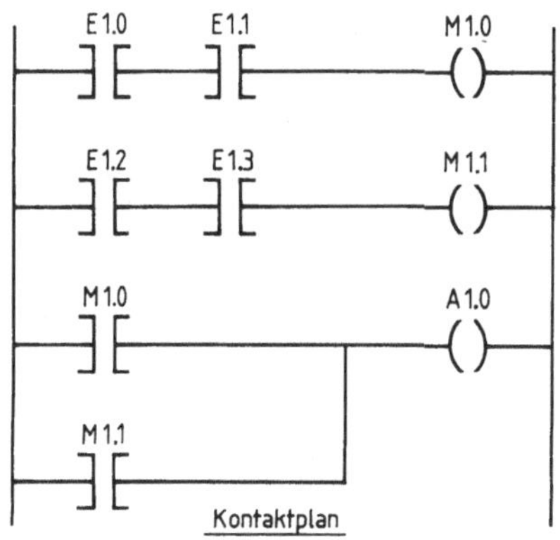

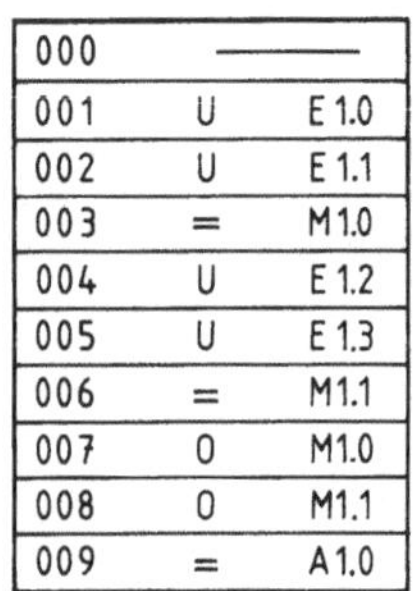

000	——	
001	U	E 1.0
002	U	E 1.1
003	=	M 1.0
004	U	E 1.2
005	U	E 1.3
006	=	M 1.1
007	O	M 1.0
008	O	M 1.1
009	=	A 1.0

Anweisungsliste

3.31 Verwendung von Merkern

3.32 Schaltalgebraische Gleichung $(E\ 1.0 \wedge E\ 1.1)\ (E\ 1.2 \vee E\ 1.3) = A\ 1.0$

3.6 Grafische Darstellungen

Für die einheitliche, unmißverständliche und übersichtliche Darstellung funktioneller Zusammenhänge von kontinuierlich Veränderlichen (z. B. aus dem mathematischen, technischen oder physikalischen Bereich) verwendet man grafische Darstellungen – meist im Koordinatensystem. Dann heißen sie Diagramme. Zu unterscheiden sind Linien-, Zeiger- und Flächendiagramme.

Im Liniendiagramm wird die Veränderung einer Größe von einer anderen Größe dargestellt. Im rechtwinkligen Koordinatensystem trägt man die zunehmenden Werte der Veränderlichen vom Schnittpunkt beider Achsen aus meist nach rechts und oben, abnehmende Werte dagegen nach links und unten ein. Je eine Pfeilspitze am Ende der waagerechten Achse (Abszissenachse) und der senkrechten Achse (Ordinatenachse) zeigen an, in welche Richtung die Koordinate wächst. Durch Messung oder Beobachtung ermittelte Punkte werden eingetragen und miteinander verbunden. Es entsteht eine „Schaulinie". Die Achsenbezeichnung geht aus den Bildern **3**.33 und **3**.34 hervor (s. DIN 461).

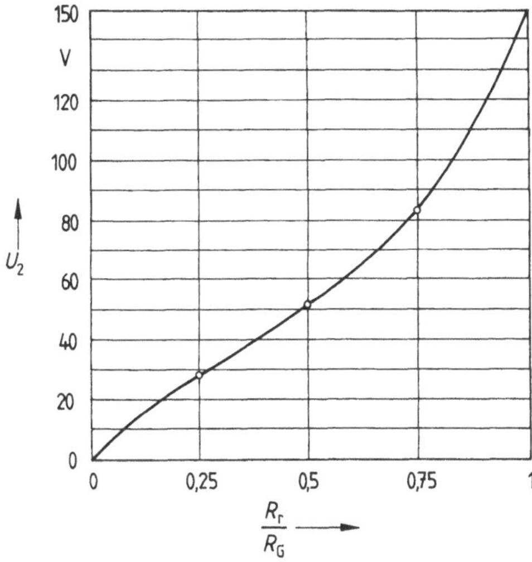

3.33 Liniendiagramm mit zunehmenden Werten

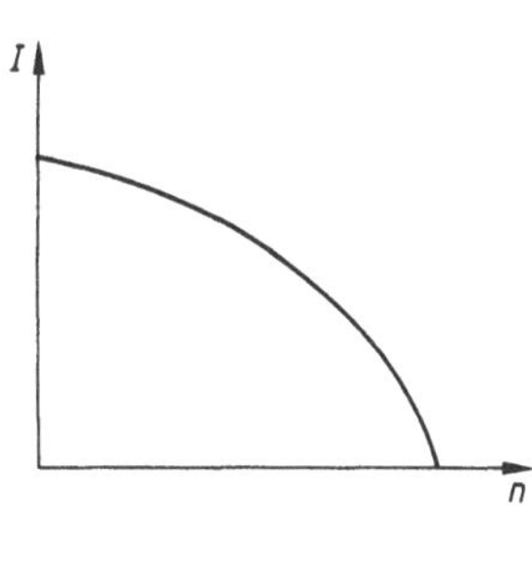

3.34 Liniendiagramm mit abnehmenden Werten

Im Zeigerdiagramm (Zeigerbild) für Sinusgrößen stellt die Länge des Zeigers in einem geeigneten Maßstab den Effektivwert oder die Amplitude der Sinusgröße dar. Die Winkel zwischen den Zeigern sind die Phasenwinkeldifferenzen zwischen den dargestellten Sinusgrößen. Die Augenblickswerte der Sinusgrößen erhält man durch Projektion des Zeigers auf eine umlaufende Achse (Zeitlinie) oder eine feste Achse, wenn der Zeiger die Amplitude angibt (**3**.35, s. a. DIN 5475 T1).

Im Flächendiagramm lassen sich die Beträge zweier oder mehrerer Größen anschaulich darstellen und vergleichen. Um Abhängigkeiten zwischen zwei oder mehreren Größen zu verdeutlichen, eignet sich das Flächendiagramm jedoch nicht. Wir unterscheiden das Säulen- und das Kreisflächendiagramm.

Im Säulendiagramm nach Bild **3**.36 wird jede Größe als senkrechter oder waagerechter Balken gleicher Breite dargestellt. Die Balken können schraffiert oder zur besseren Übersicht farblich unterschiedlich gekennzeichnet werden.

Das Kreisflächendiagramm nach Bild **3**.37 dient zum Veranschaulichen von Prozentwerten. Meist werden die Winkel als Zentriwinkel abgetragen. Dabei entsprechen 100 % in der Regel dem Winkel 360°.

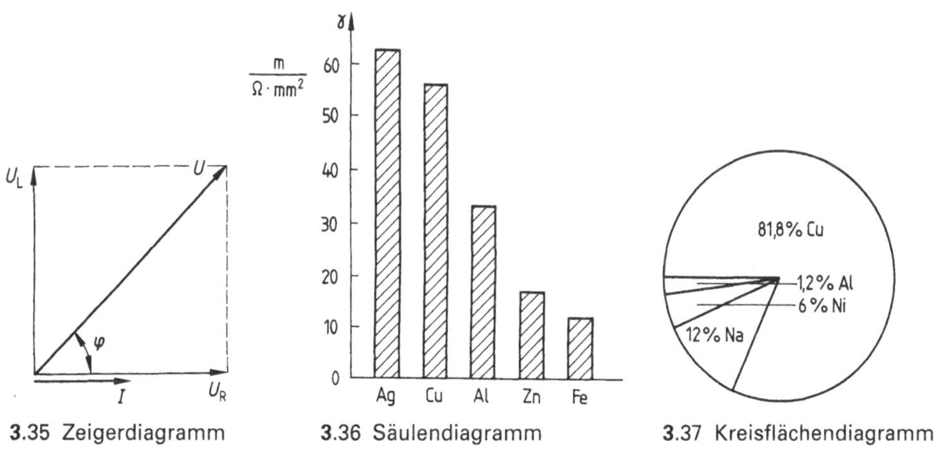

3.35 Zeigerdiagramm

3.36 Säulendiagramm

3.37 Kreisflächendiagramm

4 Aufgaben zum technischen Zeichnen

4.1 Flache Werkstücke

1. Flache Werkstücke
(Bemaßungsbeispiele)

Papierformat DIN A 4 in Breitlage

Werkstück I Blechdicke 8 mm, Maßbezugslinien sind die untere und die linke Körperkante

Werkstück II Blechdicke 6 mm, Maßbezugslinien sind die untere und die linke Körperkante.

Beachten Sie Keine Maßhilfslinie soll durch das Werkstück verlaufen.

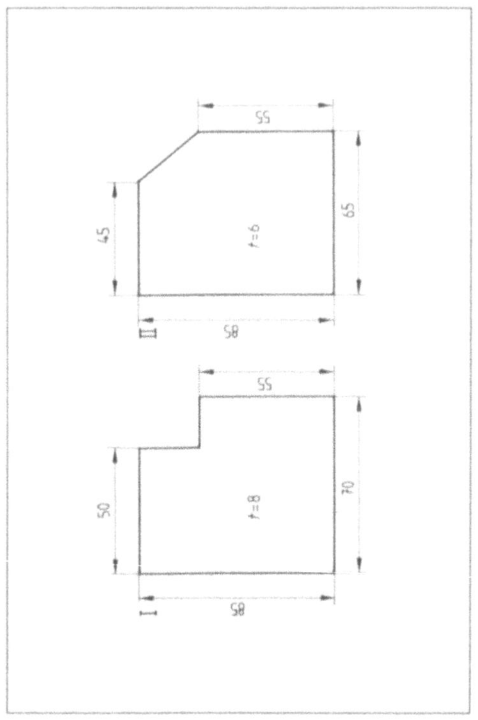

2. Flache Werkstücke

Papierformat DIN A 4 in Breitlage

Werkstück I Dicke 9 mm, Maßbezugslinien sind die untere und die linke Kante.

Werkstück II Dicke 10 mm, Maßbezugslinien sind die linke und die untere Kante.

Aufgabe Beide Werkstücke sind unvollständig bemaßt. Suchen Sie die fehlenden Maße und tragen Sie sie in die Zeichnung ein.

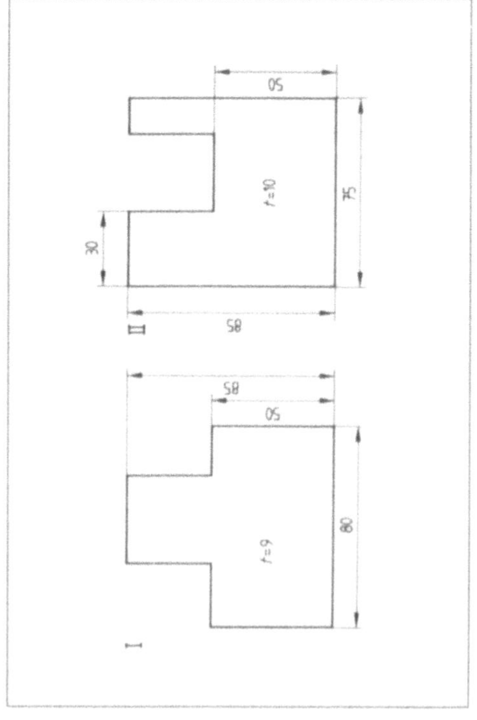

3. Flache Werkstücke

Papierformat DIN A 4 in Breitlage

Werkstück I Dicke 3,5 mm, Maßbezugslinien sind die linke und die untere Kante.

Werkstück II Dicke 4,8 mm, Maßbezugslinien sind die linke und die untere Kante.

Aufgabe Zeichnen und bemaßen Sie die Werkstücke.

Beachten Sie Kettenmaße sind möglichst zu vermeiden.

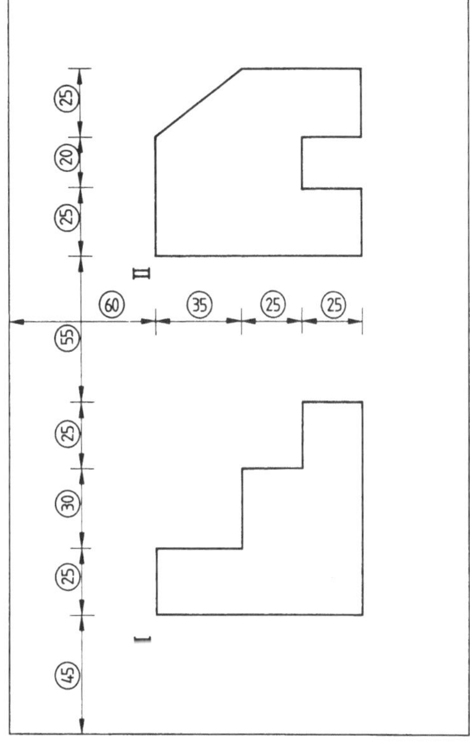

4. Flache Werkstücke

Papierformat DIN A 4 in Breitlage

Werkstück I Dicke 6 mm, Maßbezugslinen sind die untere Kante und die Mittellinie.

Werkstück II Dicke 6,5 mm, Maßbezugslinien sind die Mittellinien

Aufgabe Beide Zeichnungen enthalten Fehler. Suchen Sie diese und korrigieren Sie die Zeichnungen.

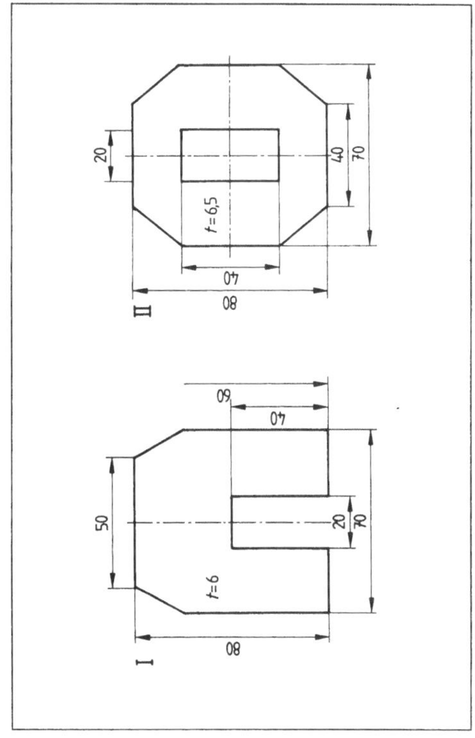

5. Flache Werkstücke mit Bohrungen

Papierformat DIN A 4 in Breitlage

Werkstück I Dicke 8 mm, Bohrungsdurchmesser 30 mm, Maßbezugslinien sind die senkrechte Mitellinie und die untere Kante.

Werkstück II Dicke 8 mm, Durchmesser der großen Bohrungen 15 mm, Durchmesser der kleineren Bohrung 10 mm, Maßbezugslinien sind die senkrechte Mittellinie und die waagerechten Mittellinien beider Bohrungen.

Aufgabe Zeichnen und bemaßen Sie die beiden Werkstücke.

Beachten Sie Die Radien (Halbmesser) der Kreise brauchen nicht angegeben zu werden, wenn sie sich zwangsläufig aus den anderen Maßen ergeben.

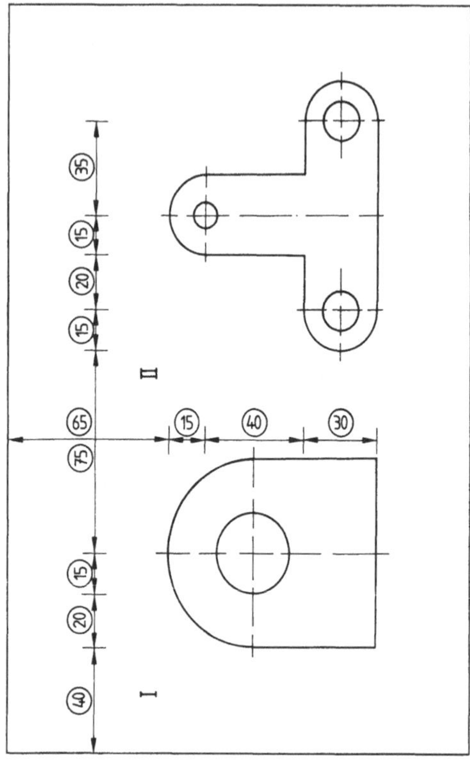

6. Flache Werkstücke mit Bohrungen und Aussparungen

Papierformat DIN A 4 in Breitlage

Werkstück I Dicke 9,5 mm. Bohrungsdurchmesser; große Bohrung 20 mm, mittlere Bohrung 10 mm, kleine Bohrung 8 mm; Maßbezugslinien sind die untere und die linke Kante.

Werkstück II Dicke 11 mm, Durchmesser der großen Bohrung 15 mm, Durchmesser der kleinen Bohrung 8 mm, Maßbezugslinien sind die linke und die untere Kante.

Aufgabe Zeichnen und bemaßen Sie Werkstück I (Bohrungen) mit einer Koordinaten-Zuwachsbemaßung. Koordinatennullpunkt ist die untere linke Körperecke.

Bemaßen Sie Werkstück II als „normale" Werkstattzeichnung.

Beachten Sie Die Abstände der Bohrungen von anderen Bohrungen und von Maßbezugslinien werden von der Bohrungsmitte aus angegeben. Dazu kann man die Mittellinien bis zur Körperkante weiterführen und als Maßhilfslinien herausziehen.

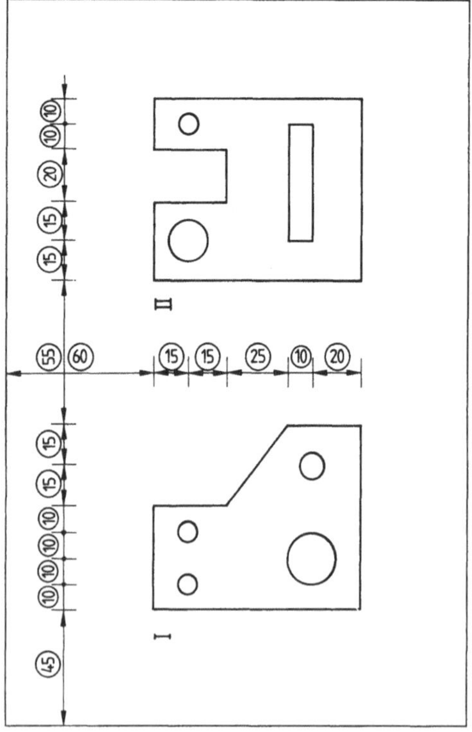

7. Flache symmetrische Werkstücke mit Bohrungen und Nuten

Papierformat DIN A 4 in Hochlage

Werkstück I Dicke 4 mm, Durchmesser der Bohrungen 20 mm, Mittellinienabstand der Nuten jeweils 20 mm, Nutbreite 5 mm, Radius der äußeren Rundungen 5 mm, Maßbezugslinien sind die Mittellinien.

Werkstück II Dicke 3,5 mm, Durchmesser der Bohrungen; große Bohrung 30 mm, mittlere Bohrung 15 mm, kleine Bohrungen 7 mm; Radius der äußeren Rundungen 5 mm, Maßbezugslinien sind die untere Kante und die Mittellinie.

Aufgabe Zeichnen und bemaßen Sie Werkstück I.

Werkstück II enthält Bemaßungsfehler, die Sie beschreiben und korrigieren sollen.

Beachten Sie Bei Bemaßung der Nuten werden Breite und Abstand beider Mittellinien zugrundegelegt.

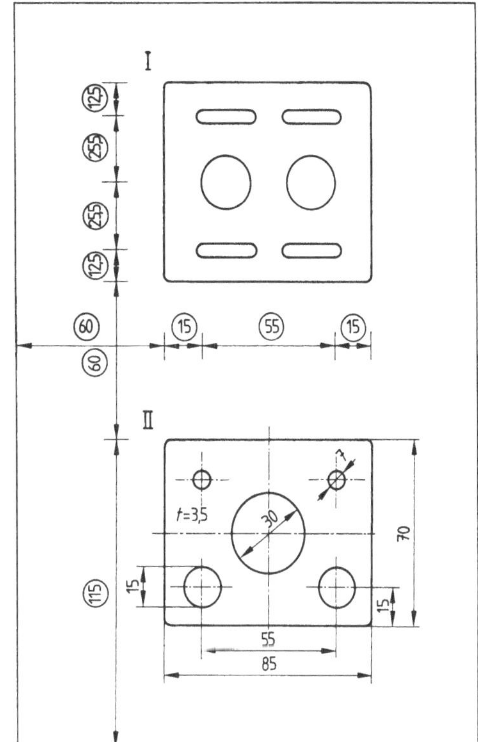

8. Flache runde Werkstücke

Papierformat DIN A 4 in Hochlage

Werkstück I Dicke 7 mm, Maßbezugslinie für die Bohrung ist die waagerechte Mittellinie.

Werkstück II Dicke 8 mm, Maßbezugslinien sind die Mittellinien des äußeren Kreises.

Aufgabe Zeichnen und bemaßen Sie die Werkstücke.

Beachten Sie Maßlinien können auch innerhalb des Werkstücks liegen, wenn die Übersichtlichkeit der Zeichnung dadurch nicht beeinträchtigt wird.

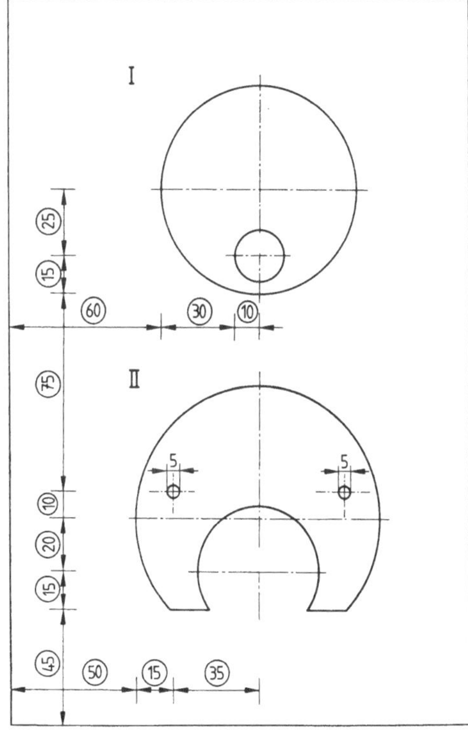

4.2 Prismatische und zylindrische Werkstücke

9. Prismatische Werkstücke

(Bemaßungsbeispiele)

Papierformat DIN A 4 in Breitlage

Beachten Sie Durch sichtbare Kanten verdeckte, also unsichtbare (auf der Rückseite liegende) Kanten werden nicht gestrichelt dargestellt. Ordnen Sie die Maße möglichst in e i n e r Ansicht an, wenn darunter nicht die Übersichtlichkeit leidet.

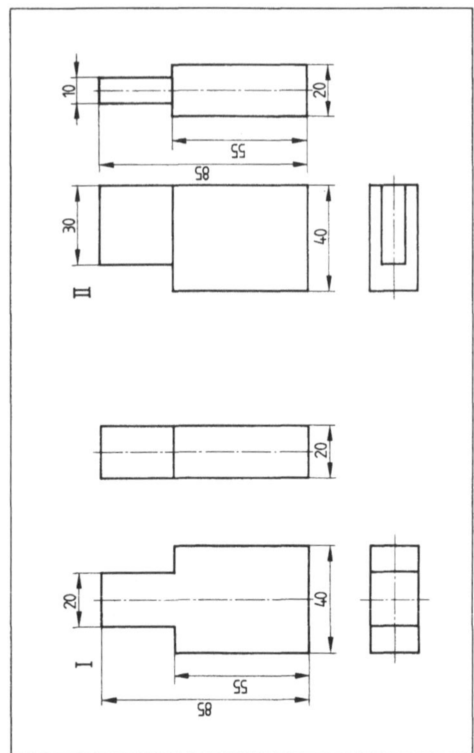

10. Prismatisches Werkstück

Papierformat DIN A 4 in Hochlage

Aufgabe Zeichnen Sie das Werkstück in drei Ansichten und bemaßen Sie es. Die vorgegebene dimetrische Projektion soll nicht übernommen werden.

Beachten Sie Jedes Maß soll nur einmal angegeben werden. Maße können grundsätzlich in jeder der drei Ansichten eingetragen werden. Die Maßbezugslinien (besser -ebenen) in den verschiedenen Ansichten sollen dabei übereinstimmen.

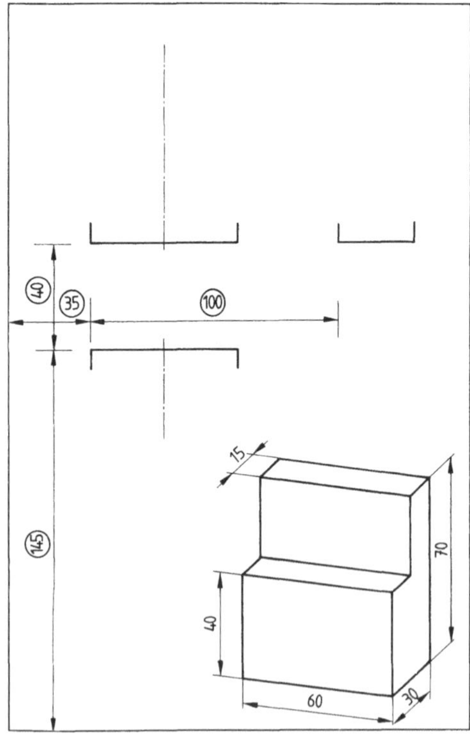

11. Prismatisches Werkstück

Papierformat DIN A 4 in Hochlage

Werkstück Ein prismatischer Körper, ein Quader, mit einer 30 mm tiefen durchgehenden Aussparung.

Aufgabe Zeichnen Sie das Werkstück in drei Ansichten und bemaßen Sie es. Die vorgegebene dimetrische Projektion soll nicht übernommen werden.

Beachten Sie Verdeckte Körperkanten werden durch Strichlinien dargestellt, wenn sie nicht durch sichtbare Kanten „verdeckt" sind. Maßhilfslinien sollen nicht an gestrichelten Linien angesetzt werden, wenn eine andere Bemaßung möglich ist.

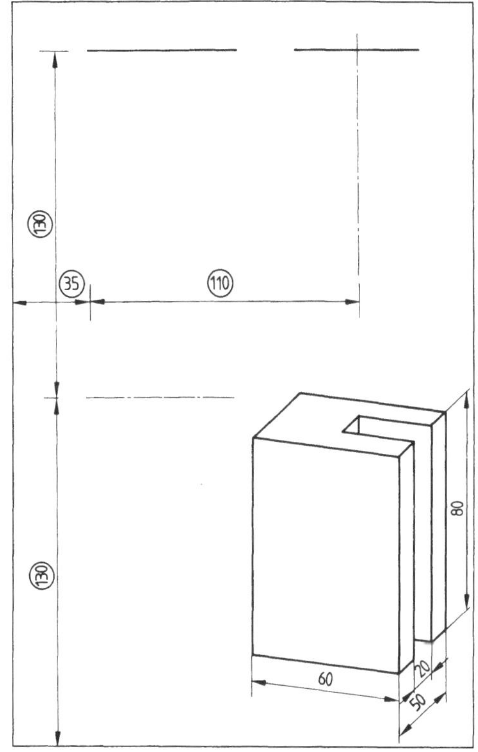

12. Prismatisches Werkstück

Papierformat DIN A 4 in Hochlage

Werkstück ist prismatisch und hat einen durchgehenden Hohlraum mit den Maßen 60 mm x 20 mm.

Aufgabe Zeichnen Sie das Werkstück in drei Ansichten und bemaßen Sie es. Die dimetrische Projektion ist nicht zu übernehmen.

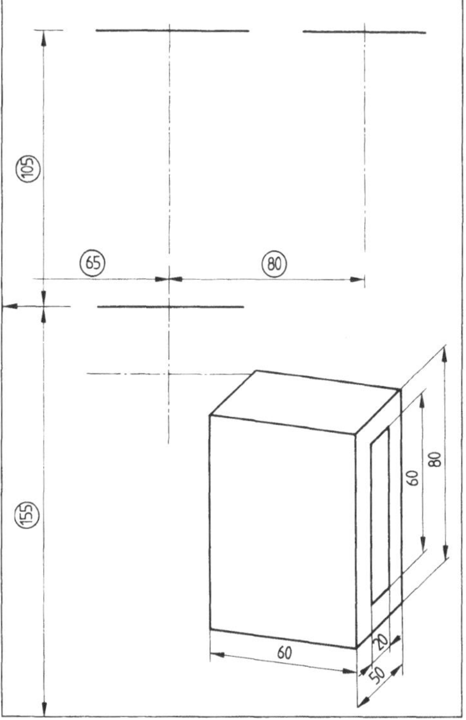

13. Prismatische Werkstücke

Papierformat DIN A 4 in Breitlage

Werkstück I Die Draufsicht ist vollständig, Vorderansicht und Seitenansicht sind unvollständig.

Werkstück II Keine der drei Ansichten ist vollständig.

Aufgabe Zeichnen Sie die drei Ansichten beider Werkstücke sowie auf einem Extrablatt die isometrische und dimetrische Projektion.

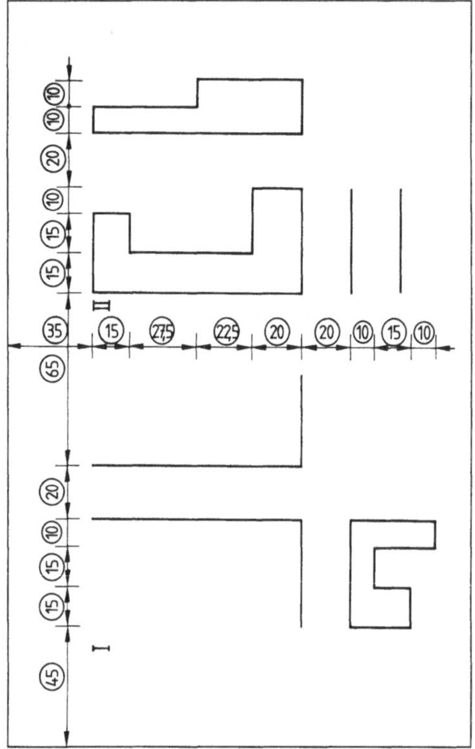

14. Prismatische Werkstücke mit schrägen Flächen

Papierformat DIN A 4 in Breitlage

Werkstück I Die Vorderansicht ist vollständig, Seitenansicht und Draufsicht sind unvollständig.

Werkstück II Die Vorderansicht ist vollständig, Seitenansicht und Draufsicht sind unvollständig.

Aufgabe Zeichnen Sie die drei Ansichten der Werkstücke.

Beachten Sie Sieht man auf eine schräge Fläche, ist die Größe der „sichtbaren" Flächen abhängig von der Blickrichtung. Da nur die Kanten dargestellt werden, ist nicht ersichtlich, ob es sich um eine „schräge" oder „ebene" Fläche handelt.

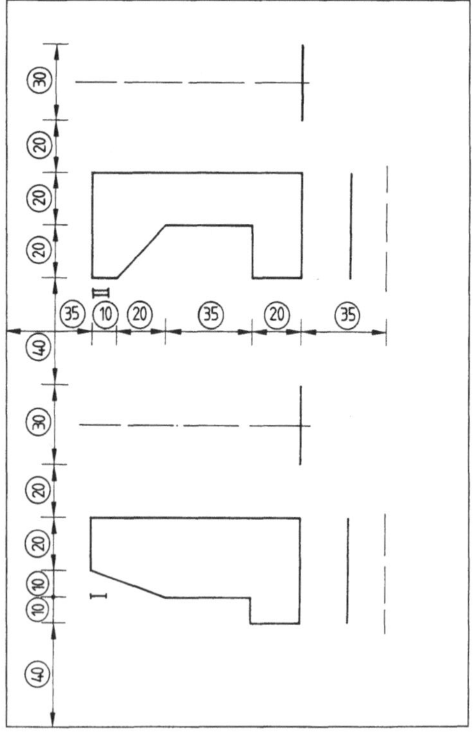

15. Prismatische Werkstücke

Papierformat DIN A 4 in Breitlage

Werkstück I Alle drei Ansichten sind unvollständig. Richtig dargestellt sind die äußeren Umrisse der Vorder- und Seitenansicht.

Werkstück II wie Werkstück I

Aufgabe Zeichnen Sie die drei Ansichten beider Werkstücke und skizzieren Sie beide auf einem Extrablatt in isometrischer und dimetrischer Projektion.

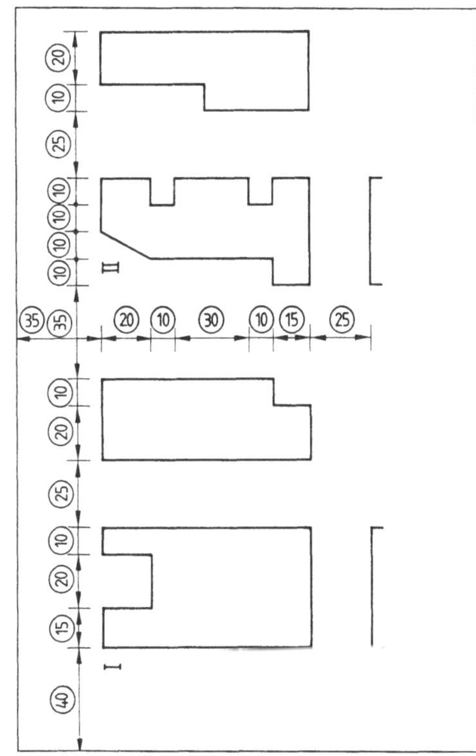

16. Prismatische Werkstücke mit Bohrungen

Papierformat DIN A 4 in Hochlage

Werkstück I Verschlußstück. Bohrungsdurchmesser: große Bohrung 15 mm, kleine Bohrungen 10 mm. Die Draufsicht ist vollständig, die Vorderansicht unvollständig, die Seitenansicht fehlt.

Werkstück II Gabelkopf. Bohrungsdurchmesser 10 mm, Vorderansicht und Draufsicht sind unvollständig, Seitenansicht fehlt.

Aufgabe Zeichnen Sie die beiden Werkstücke in drei Ansichten und bemaßen Sie sie.

Beachten Sie Die Maßbezugslinien sind so zu wählen, daß die für die Verwendbarkeit des Werkstücks wichtigen Maße direkt ablesbar sind.

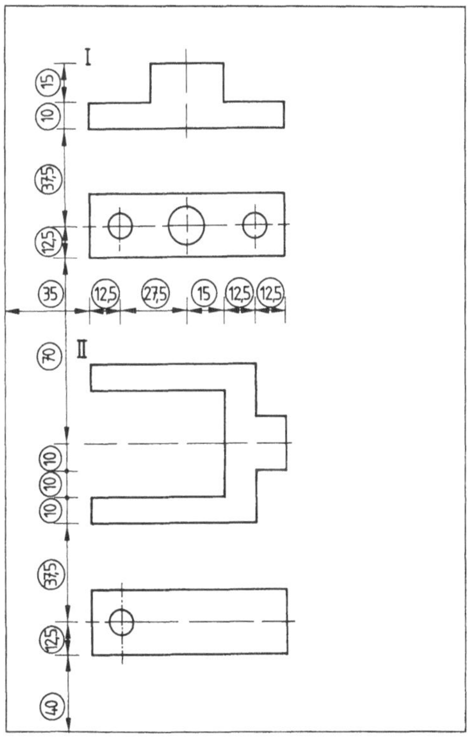

17. Prismatisches Werkstück mit Bohrung, Aussparung und schrägen Flächen

Papierformat DIN A 4 in Breitlage

Formstück

Aufgabe Die Zeichnung enthält mehrere Bemaßungsfehler. Beschreiben Sie sie.

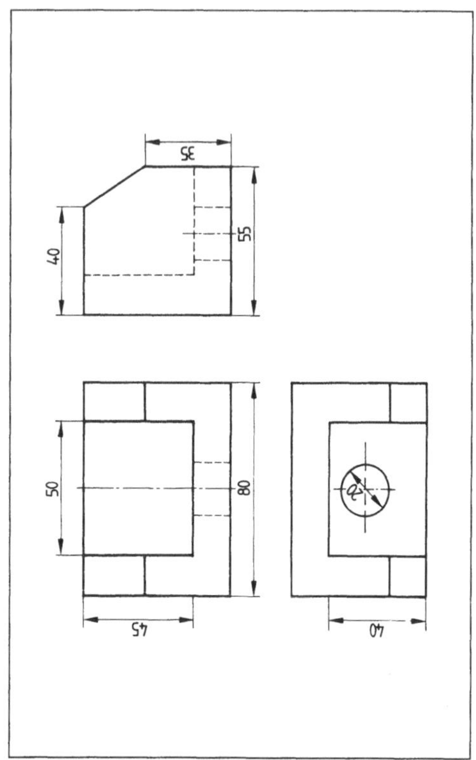

18. Prismatisches Werkstück mit Bohrungen, Aussparungen, Rundungen und schrägen Flächen

Papierformat DIN A 4 in Breitlage

Werkstück Lagerbock. Seitenansicht vollständig, Vorderansicht und Draufsicht unvollständig, große Bohrungen 15 mm Durchmesser, kleine Bohrungen 10 mm Durchmesser.

Aufgabe Zeichnen Sie die drei Ansichten des Lagerbocks und bemaßen Sie ihn.

Skizzieren Sie das Werkstück außerdem in dimetrischer Projektion.

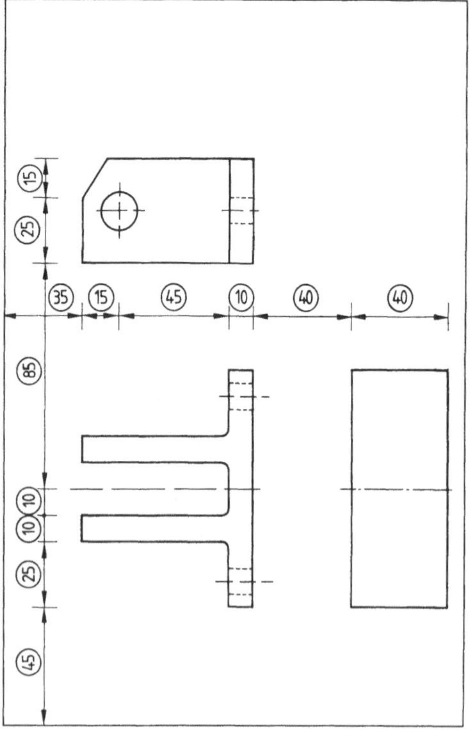

19. Prismatisches Werkstück mit zylindrischen Teilen

Papierformat DIN A 4 in Hochlage

Werkstück Dauermagnet eines Drehspulinstruments. Vorderansicht vollständig.

Aufgabe Zeichnen und bemaßen Sie die drei Ansichten des Werkstücks. Die Krümmungen der Polschuhe sind Teil eines Kreises mit 30 mm Durchmesser.

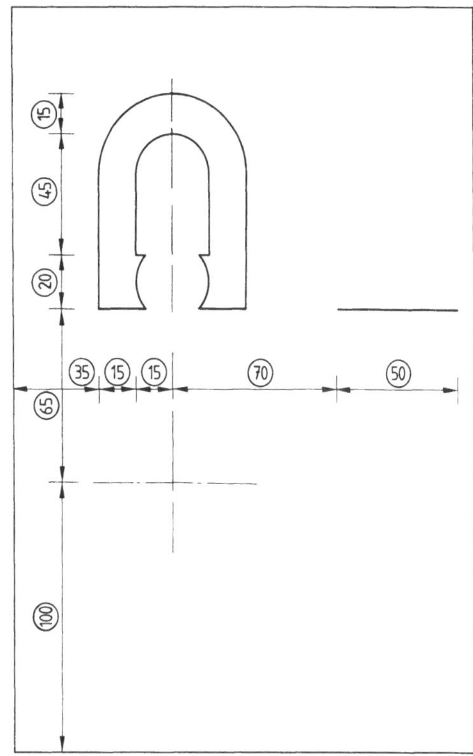

20. Prismatisches Werkstück mit Aussparungen und schrägen Flächen

Papierformat DIN A 4 in Hochlage

Werkstück Spannklaue

Aufgabe Die Zeichnung enthält Bemaßungsfehler. Beschreiben Sie sie.

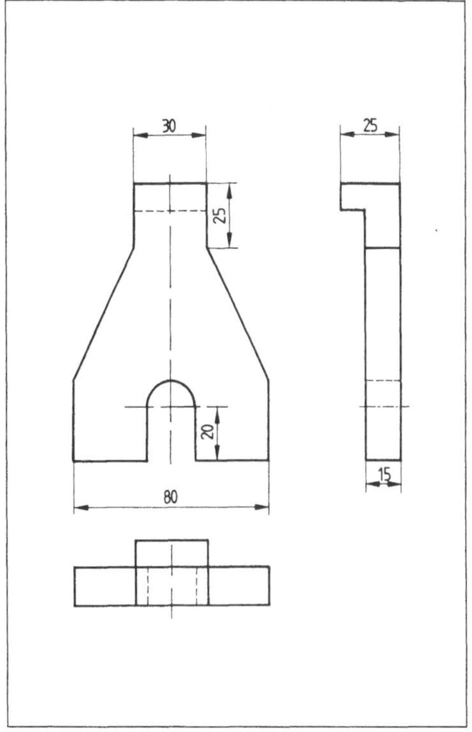

21. Zylindrische Werkstücke
(Bemaßungsbeispiele)

Papierformat DIN A 4 in Breitlage

Werkstück I Der Durchmesser des Mittelteils ist 50 mm, der Durchmesser der Enden 30 mm.

Werkstück II Der kleine Durchmesser beträgt 20 mm, der mittlere 30 mm, der große 50 mm.

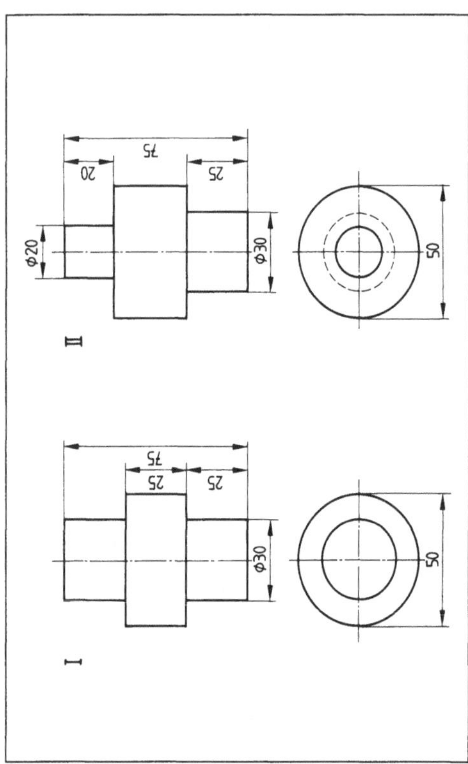

22. Zylindrische Werkstücke

Papierformat DIN A 4 in Breitlage

Werkstück I Die durchgehende Bohrung hat 20 mm Durchmesser. Der kleine Außendurchmesser ist 30 mm, der große 50 mm. Die Vorderansicht ist vollständig, die Draufsicht unvollständig.

Werkstück II Die durchgehende Bohrung hat 10 mm Durchmesser. Der kleine Außendurchmesser ist 2 mm, der mittlere 40 mm, der große 50 mm. Die Vorderansicht ist vollständig, die Draufsicht unvollständig.

Aufgabe Zeichnen und bemaßen Sie die Ansichten beider Werkstücke. Warum kann auf die Darstellung der Seitenansicht verzichtet werden?

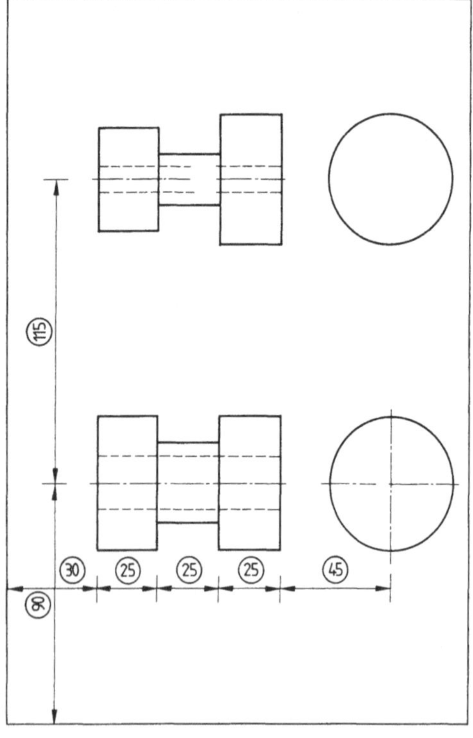

23. Prismatisches Werkstück mit zylindrischem Teil, Bohrungen und schrägen Flächen

Papierformat DIN A 4 in Hochlage

Werkstück Ausleger. Seitenansicht vollständig, Vorderansicht unvollständig, Draufsicht fehlt. Die Bohrung hat 20 mm Durchmesser.

Aufgabe Zeichnen Sie die drei Ansichten des Auslegers und bemaßen Sie es.

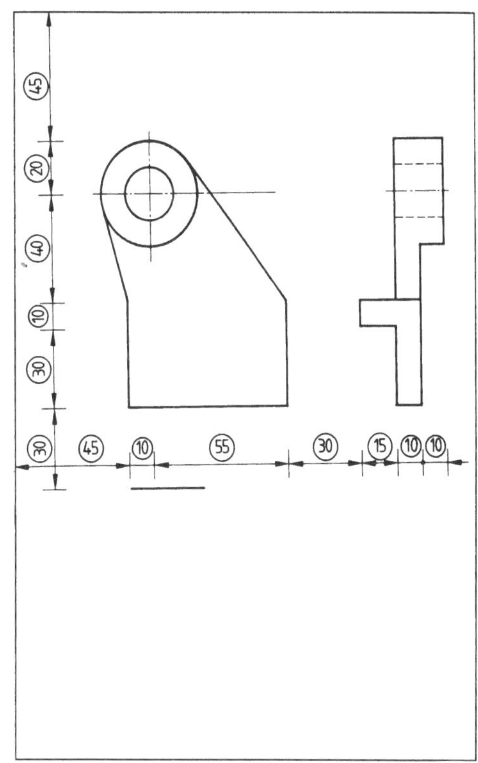

24. Prismatisches Werkstück mit Bohrungen, Aussparungen, schrägen Flächen und zylindrischen Teilen

Papierformat DIN A 4 in Hochlage

Werkstück Gabelkopf. Vorderansicht vollständig, Seitenansicht und Draufsicht unvollständig. Die große Bohrung hat 20 mm, die kleine Bohrung 15 mm Durchmesser.

Aufgabe Zeichnen Sie die drei Ansichten des Werkstücks und bemaßen Sie es.

Beachten Sie Die gekrümmten Flächen gehen nahtlos in ebene Flächen über – es entstehen keine sichtbaren Kanten.

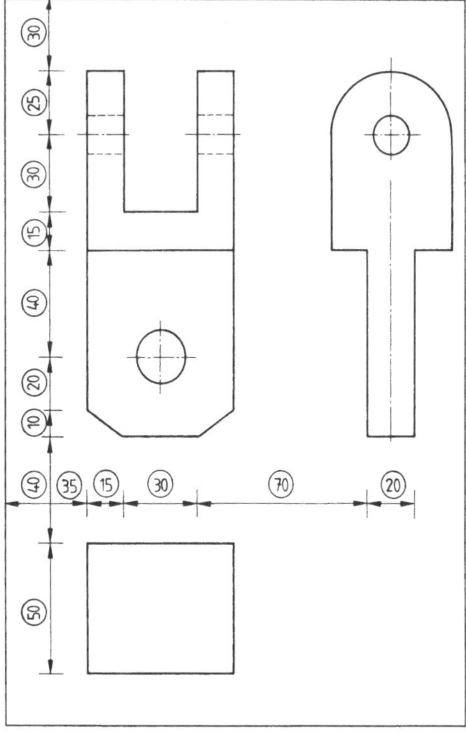

25. Zylindrische Werkstücke

Papierformat DIN A 4 in Breitlage

Werkstück I Vorderansicht und Draufsicht sind vollständig, die Seitenansicht fehlt.

Werkstück II Vorderansicht und Draufsicht sind vollständig, die Seitenansicht fehlt.

Aufgabe Zeichnen Sie die drei Ansichten beider Werkstücke

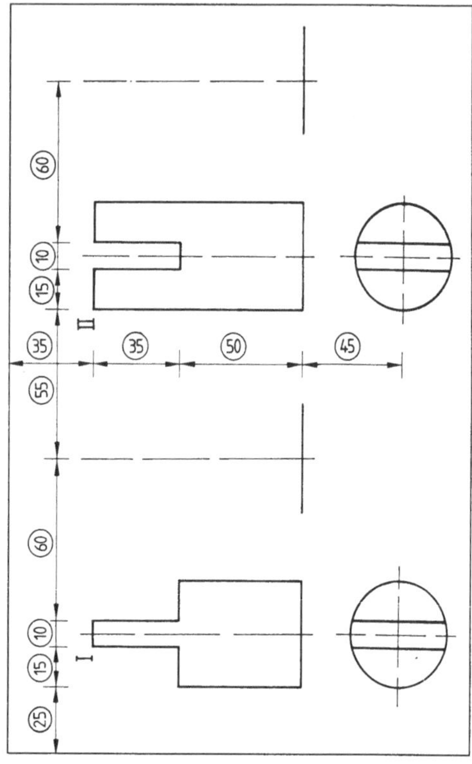

26. Zylindrisches Werkstück mit prismatischem Teil, Bohrungen, Nuten und Rundungen

Papierformat DIN A 4 in Breitlage

Werkstück Flansch. Draufsicht vollständig, Vorderansicht unvollständig, Seitenansicht fehlt. Bohrung 20 mm Durchmesser, Nuten 15 mm breit.

Aufgabe Zeichnen Sie die drei Ansichten des Werkstücks und bemaßen Sie es.

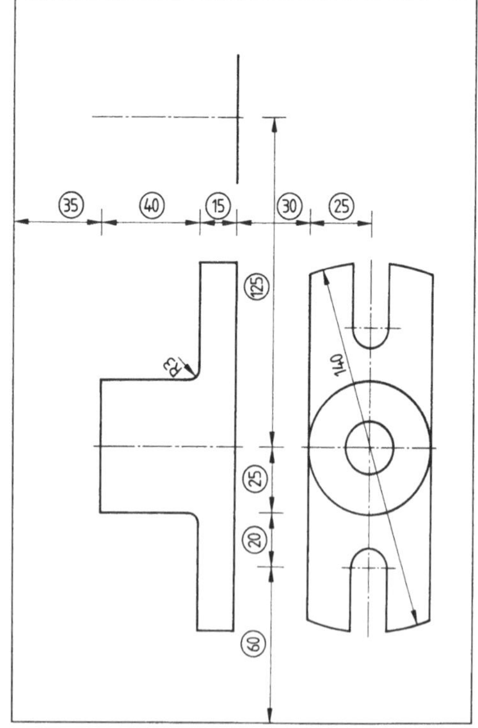

27. Zylindrisches Werkstück mit prismatischem Teil, Bohrungen und Nuten

Papierformat DIN A 4 in Breitlage

Werkstück Flansch. Keine Ansicht ist vollständig. Die Bohrungen haben 8 mm Durchmesser, die eingefrästen Halbnuten im zylindrischen Mittelteil sind 20 bzw. 40 mm breit. Zirkeleinsatzpunkt für die Krümmungen des Unterteils ist der Schnittpunkt der Mittellinien.

Aufgabe Zeichnen und bemaßen Sie die drei Ansichten des Flansches.

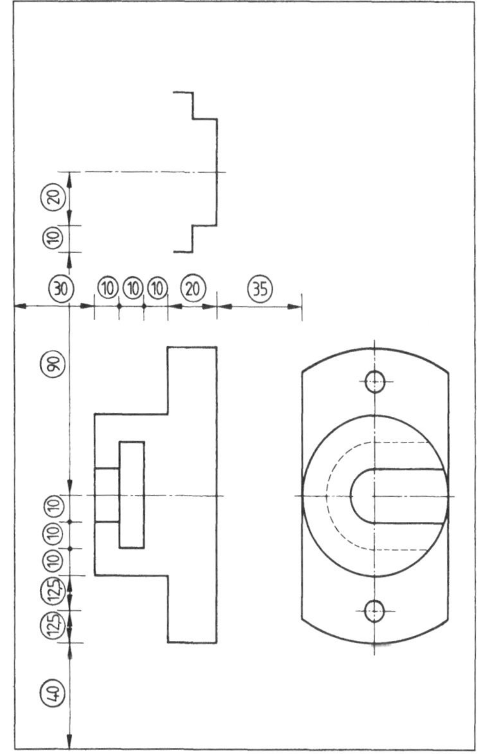

28. Zylindrisches Werkstück mit schrägen Flächen, Bohrungen und Nuten

Papierformat DIN A 4 in Breitlage

Werkstück Spindellager. Vorderansicht und Seitenansicht sind unvollständig, Draufsicht ist vollständig. Die Bohrungen haben 10 mm Durchmesser, die eingefrästen Halbnuten sind 15 bzw. 30 mm breit.

Aufgabe Zeichnen Sie die drei Ansichten des Werkstücks und vervollständigen Sie die Bemaßung.

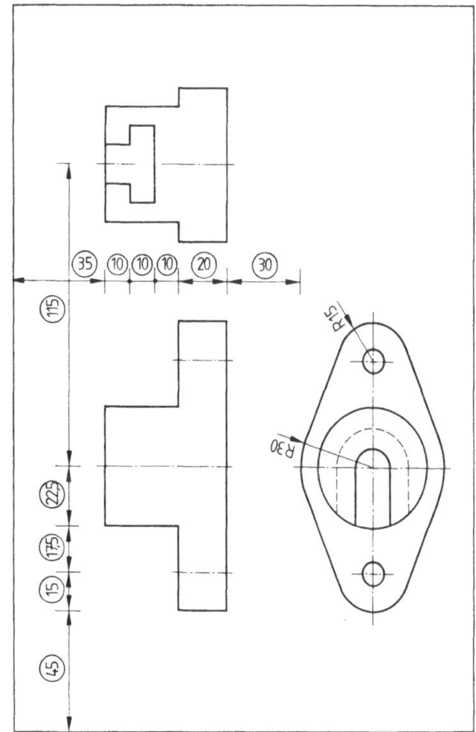

4.3 Schnittdarstellung

29. Zylindrisches Werkstück mit Bohrung im Schnitt
(Bemaßungsbeispiel)

Papierformat DIN A 4 in Hochlage
Werkstück Führungsbuchse im Schnitt

Beachten Sie Der Körper wird so dargestellt, als ob er axial durchgeschnitten wäre. Die „Schnittflächen" werden schraffiert.

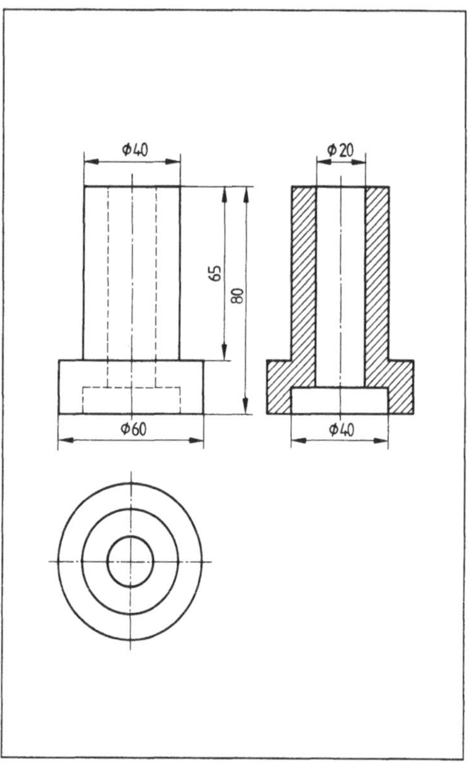

30. Prismatisches Werkstück mit zylindrischem Teil

Papierformat DIN A 4 in Breitlage
Werkstück Drucklager. Vorderansicht im Schnitt ist vollständig, Seitenansicht und Draufsicht sind unvollständig. Die Bohrung hat 10 mm Durchmesser.
Aufgabe Zeichnen und bemaßen Sie die drei Ansichten des Drucklagers.

Beachten Sie In Schnittdarstellungen werden unsichtbare Kanten nicht eingezeichnet, wenn sie vermeidbar sind.

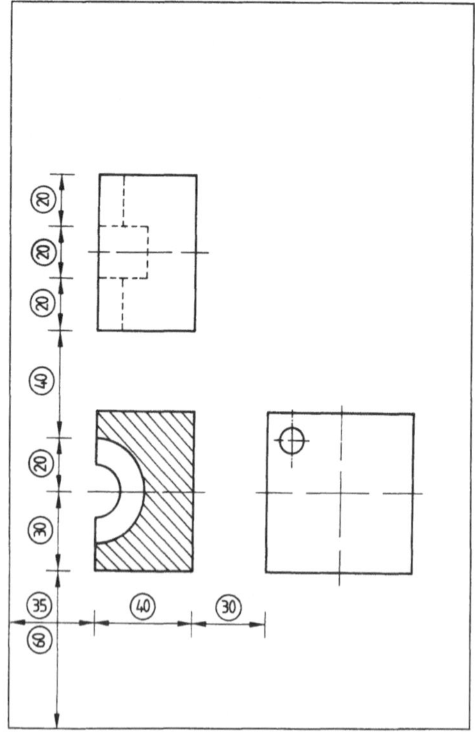

31. Prismatisches Werkstück mit Bohrungen

Papierformat DIN A 4 in Breitlage

Werkstück U-Stück. Die Seitenansicht ist vollständig, Vorderansicht und Draufsicht sind unvollständig. Die kleine Bohrung hat 20 mm, die große Bohrung 30 mm Durchmesser, die durchgehende Aussparung ist 40 mm breit.

Aufgabe Zeichnen Sie die Vorderansicht im Halbschnitt (also nur zur Hälfte, wie angedeutet), dazu die Seitenansicht und die Draufsicht. Bemaßen Sie das Werkstück.

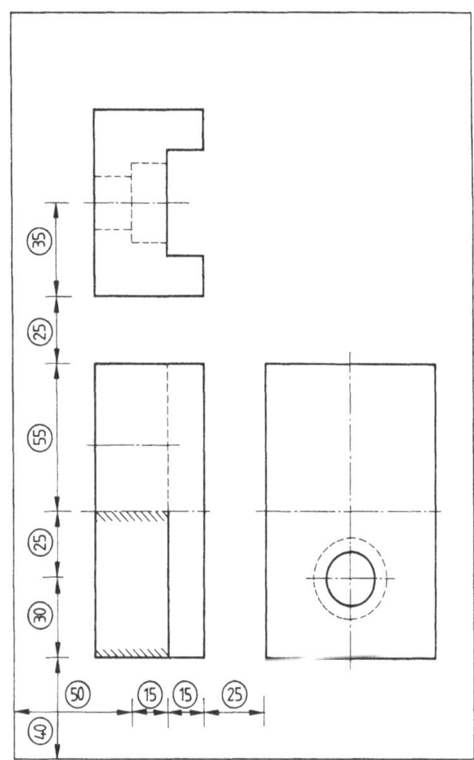

32. Prismatisches Werkstück mit zylindrischen Teilen und Bohrungen

Papierformat DIN A 4 in Breitlage

Werkstück Winkelhebel. Seitenansicht und Draufsicht vollständig, Vorderansicht fehlt. Die Bohrungen haben 20 mm Durchmesser. Zirkeleinsatzpunkte für die Krümmungen sind jeweils die Bohrungsmittelpunkte.

Aufgabe Zeichnen Sie die Vorderansicht im Schnitt, Seitenansicht und Draufsicht und bemaßen Sie das Werkstück.

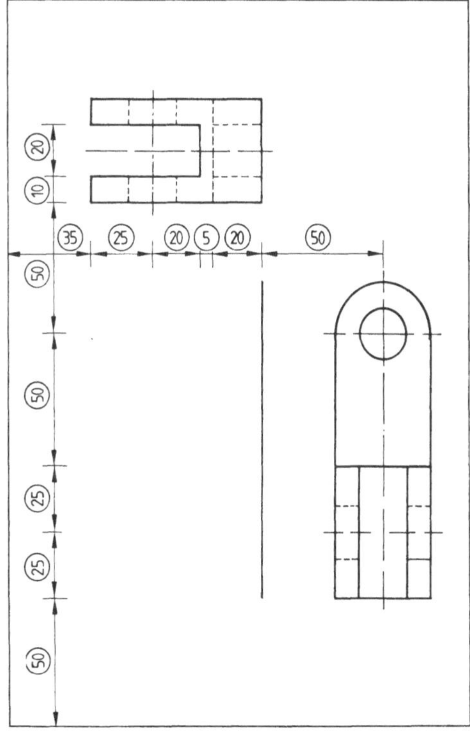

33. Zylindrisches Werkstück

Papierformat DIN A 4 in Breitlage

Werkstück Mitnehmerstück. Vorderansicht und Draufsicht vollständig, Seitenansicht fehlt.

Aufgabe Zeichnen Sie die Vorderansicht und die Draufsicht dazu die Seitenansicht im Schnitt.

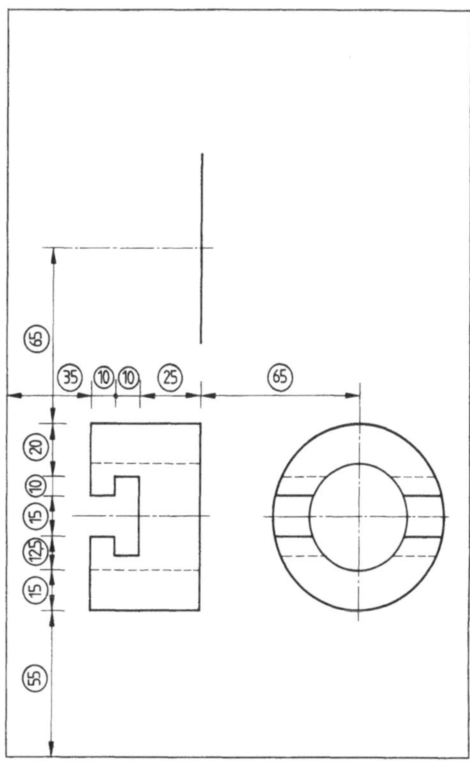

34. Prismatisches Werkstück mit zylindrischem Teil

Papierformat DIN A 4 in Hochlage

Werkstück Führungshebel. Die Vorderansicht und die als Schnitt gezeichnete Seitenansicht sind vollständig, der Krümmungsradius beträgt in allen Fällen 5 mm.

Aufgabe Zeichnen Sie zu den gegebenen Ansichten die Draufsicht und bemaßen Sie das Werkstück.

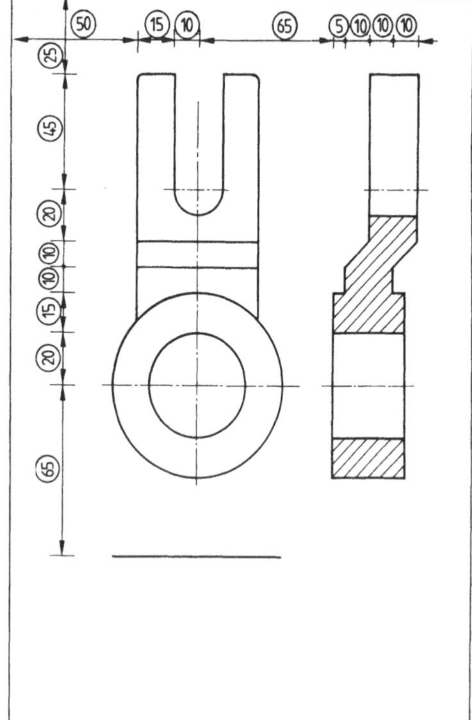

4.4 Abwicklungen

35. Abwicklung eines prismatischen Werkstücks

Papierformat DIN A 4 in Hochlage

Werkstück Das dargestellte Gehäuse ist ein Quader. Seine quadratische Öffnung an der vorderen Fläche hat die Seitenlänge 15 mm und ist in der Mitte angeordnet.

Aufgabe Zeichnen und bemaßen Sie die Abwicklung des Gehäuses.

Beachten Sie Die für die Herstellung erforderlichen Falze werden nicht dargestellt.

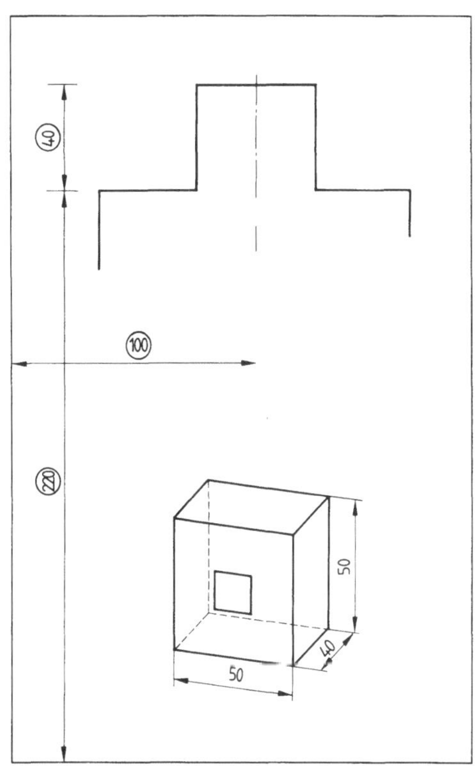

36. Abwicklung eines prismatischen Werkstücks

Papierformat DIN A 4 in Hochlage

Werkstück Das im Maßstab 1:10 dargestellte Werkstück ist ein als Schaltpult vorgesehenes Blechgehäuse.

Aufgabe Zeichnen und bemaßen Sie die Abwicklung des Gehäuses im Maßstab 1:10.

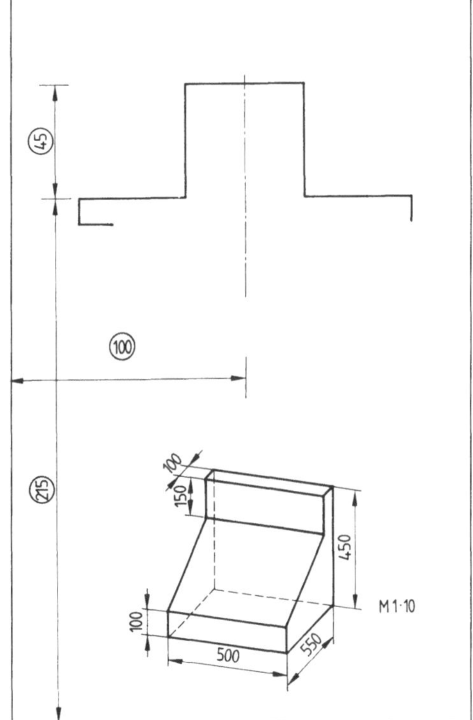

5 Aufgaben zum elektrotechnischen Zeichnen

5.1 Grundschaltungen

1. Widerstandsgerade

Papierformat DIN A 4 in Hochlage

Schaltung Um den Verlauf einer Widerstandsgeraden zu bestimmen, wird ein Festwiderstand an eine Spannungsquelle mit veränderbarer Ausgangsspannung angeschlossen. Es ergeben sich nebenstehende Meßwerte. Der Spannungsmesser ist so geschaltet, daß er die tatsächlich am Widerstand liegende Spannung mißt (spannungsrichtige Schaltung für niederohmige Widerstände).

U in V	I in A
12	0,3
10	0,25
8	0,2
6	0,15
4	0,1
2	0,05

Aufgabe Zeichnen Sie den Stromlaufplan der Meßschaltung. Tragen Sie die Meßwerte als Meßpunkte ins Diagramm ein und verbinden Sie sie durch eine Linie.

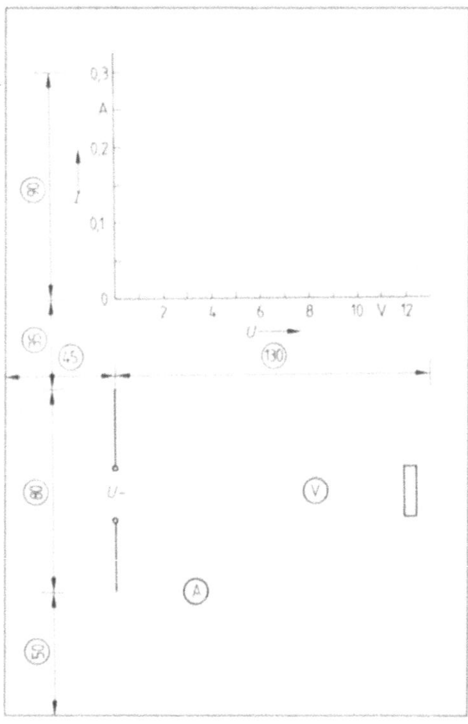

2. Widerstandsgerade

Papierformat DIN A 4 in Hochlage

Schaltung Ein hochohmiger Widerstand wird zum Bestimmen der Widerstandsgeraden an eine Spannungsquelle mit veränderbarer Spannung angeschlossen. Die stromrichtige Schaltung (für hochohmige Widerstände) ergibt nebenstehende Meßwerte.

U in V	I in A
220	0,22
180	0,18
140	0,14
100	0,1
60	0,06

Aufgabe Zeichnen Sie den Stromlaufplan der Meßschaltung. Wählen Sie für die Achsen des Schaubilds geeignete Maßstäbe, tragen Sie die Meßpunkte ein und verbinden Sie sie durch eine Linie.

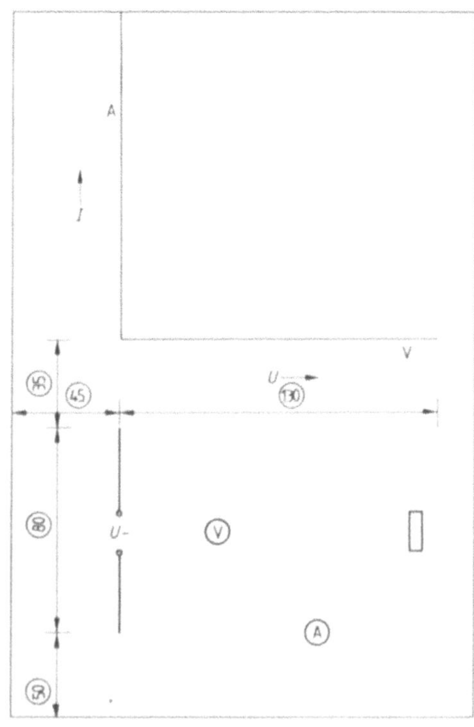

3. Abhängigkeit der Stromstärke vom Widerstand

Papierformat DIN A 4 in Hochlage

Schaltung Ein einstellbarer Widerstand 160 Ω/5 A wird an die konstante Spannung 100 V angeschlossen. Durch stufenweises Verringern des Widerstands soll die Stromaufnahme bis 5 A erhöht werden.

Aufgabe Ermitteln Sie die Abhängigkeit der Stromstärke vom Widerstand. Tragen Sie die ermittelten Meßpunkte in das vorbereitete Diagramm ein und verbinden Sie sie durch eine Linie. Ermitteln Sie auch den Verlauf der „Kennlinie", wenn die Betriebsspannung konstant 50 V beträgt.

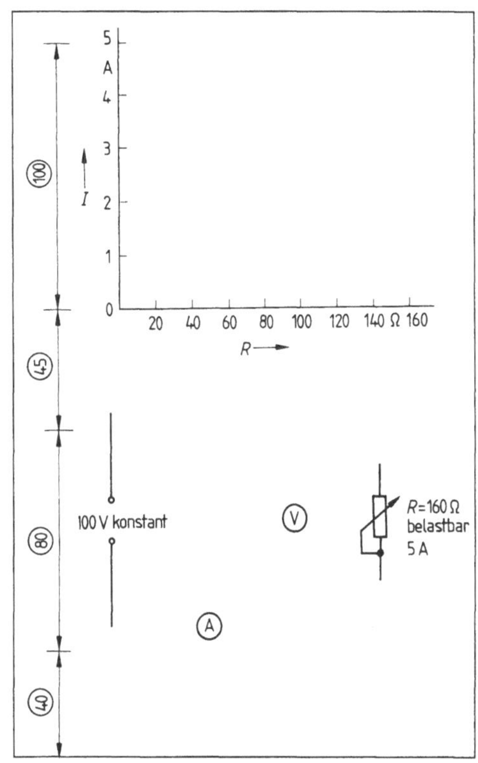

4. Abhängigkeit des Widerstands von der Temperatur

Papierformat DIN A 4 in Hochlage

Schaltung Für ein Platin-Widerstandsthermometer sind bei verschiedenen Temperaturen die angegebenen Meßwerte abgelesen worden.

Aufgabe Ermitteln Sie die Widerstände des Pt 100 für die verschiedenen Temperaturen (Ohmsches Gesetz) und geben Sie diese Abhängigkeit in einem Schaubild an.

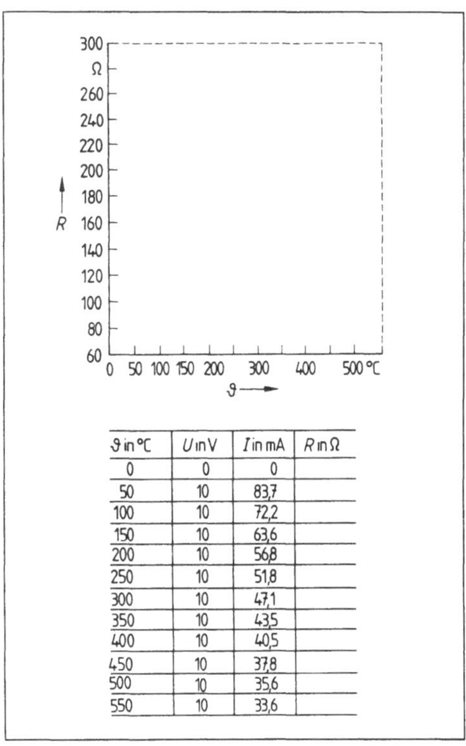

ϑ in °C	U in V	I in mA	R in Ω
0	0	0	
50	10	83,7	
100	10	72,2	
150	10	63,6	
200	10	56,8	
250	10	51,8	
300	10	47,1	
350	10	43,5	
400	10	40,5	
450	10	37,8	
500	10	35,6	
550	10	33,6	

5. Widerstandsschaltung

Schaltung In der Reihenschaltung von drei Widerständen mit gleichem Wert ($R_1 = R_2 = R_3$) ist R_3 ein Stellwiderstand.

Aufgabe a) Wie ändert sich die Spannung an R_1, wenn durch Abgriff von R_3 der Widerstandswert bis auf Null verringert wird?

b) Zeichnen Sie das Verhältnis U_1:U (normierte Darstellung in Abhängigkeit von einer kontinuierlichen Änderung R_3) als Kennlinie auf. Wie ändert sich dieser Verlauf, wenn R_2 überbrückt wird?

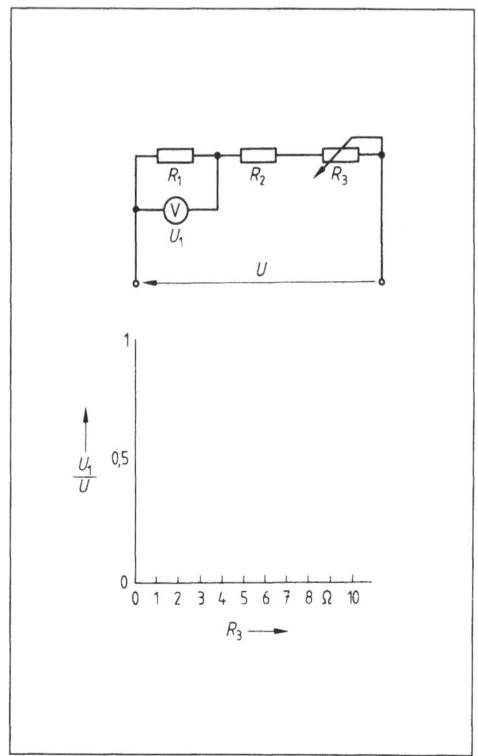

6. Widerstandsschaltung

Schaltung An die Anschlußpunkte A und B sollen zu dem schon angeschlossenen Verbraucher 500 W drei weitere Verbraucher mit je 500 W geschaltet werden. Das Spannungsverhältnis U_1:U beträgt für einen Verbraucher 0,98.

Aufgabe a) Stellen Sie fest, wie sich das Spannungsverhältnis ändert, wenn die drei anderen Verbraucher zugeschaltet werden.

b) Wie groß darf der Anschlußwert (Leistung) an A und B höchstens sein, um ΔU = 5 % von U nicht zu überschreiten? (ΔU ist der Spannungsfall der Leitung.)

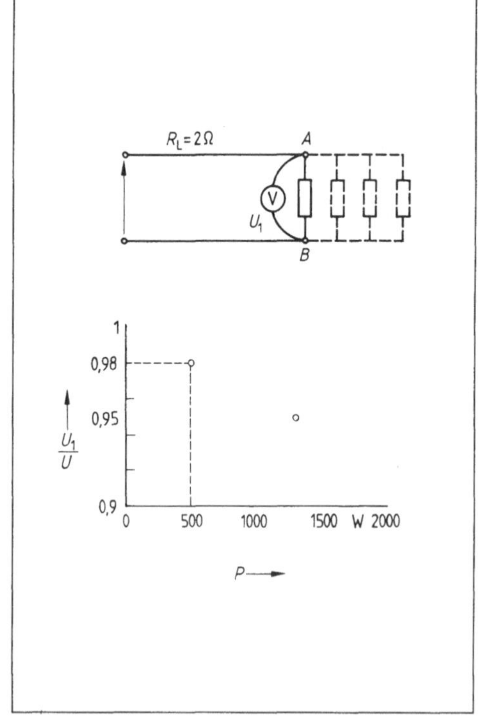

7. Widerstandsschaltung

Schaltung I 4 Widerstände mit gleichem Widerstandswert sind parallelgeschaltet und liegen an konstanter Netzspannung U.

Aufgabe Um wieviel Prozent ändert sich die Stromaufnahme, wenn ein Widerstand herausgenommen oder einer mit gleichem Wert zugeschaltet wird? Begründen Sie Ihre Antwort und lösen Sie die Aufgabe auch zeichnerisch.

Schaltung II Drei gleiche Widerstände sind parallelgeschaltet. Netzspannung U konstant. Stromaufnahme bei voll eingeschaltetem Stellwiderstand 9 A.

Aufgabe Auf welchen Prozentwert darf R_3 durch Verstellen des Schleifers verringert werden, damit die Stromaufnahme nicht größer als 10 A wird? Lösen sie die Aufgabe auch zeichnerisch.

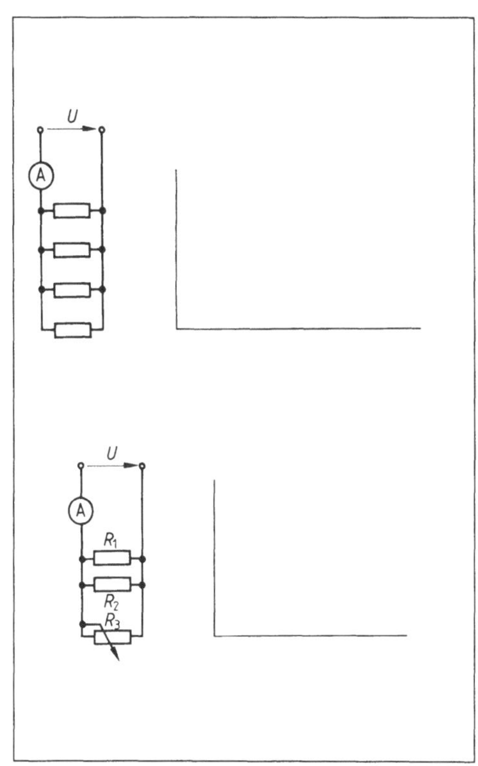

8. Kennlinien eines Spannungsteilers

Papierformat DIN A 4 in Hochlage

Schaltung Sie sollen die Spannungskennlinien eines Spannungsteilers für drei verschiedene Belastungswiderstände R_L ermitteln. $R_{L1} = \infty\ \Omega$ (Leerlauf), $R_{L2} = 75$ % von R_{sp}, $R_{L3} = 25$ % von R_{sp}. Dazu brauchen Sie einen Stellwiderstand (Spannungsteiler R_{sp}), zwei Belastungswiderstände (R_L), zwei Spannungsmesser. Ein Spannungsmesser mißt die Betriebsspannung, der andere die Spannung am Belastungswiderstand. R_{L1} soll um 25 %, R_{L2} um 75 % kleiner sein als der Spannungsteiler-Widerstand R_{sp}.

Aufgabe Ermitteln Sie jeweils die Ausgangsspannung U_L am Belastungswiderstand für die verschiedenen Schleiferstellungen und zeichnen Sie danach die Spannungskennlinien von R_{L1}, R_{L2} und R_{L3}.

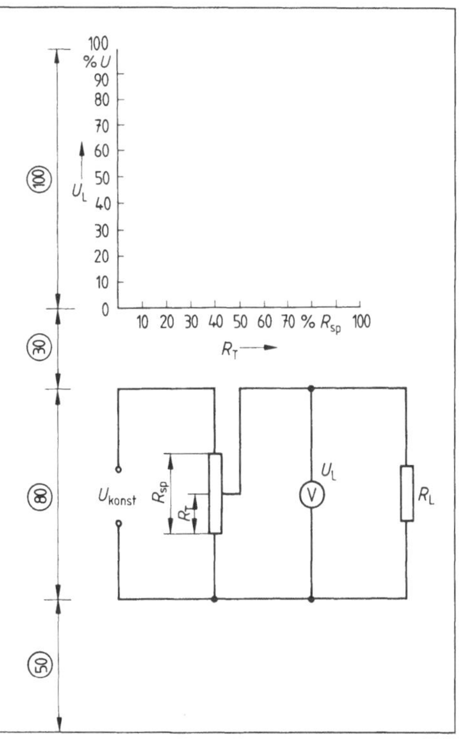

9. Widerstandsschaltung

Schaltung I Der Spanungsteiler besteht hier aus einem Stellwiderstand.

Aufgabe Bestimmen Sie den Verlauf der „Spannungskurve" (U_1/U) für die verschiedenen Widerstandsverhältnisse R_1/R_2, die sich durch Verstellen des Schleifers ergeben. Vervollständigen Sie die Bezeichnungen der waagerechten Diagrammachse und zeichnen Sie die Kennlinie.

Schaltung II R_3 ist um 50 % größer als R_1.

Aufgabe a) Um welchen Faktor muß R_2 größer sein als R_1, damit die Spannung U_3 ein Viertel der Spannung U beträgt?

b) Auf welches Spannungsverhältnis ändert sich $U_3 : U$, wenn $R_1 : R_3 = 1:3$ wird und R_2 nicht verändert wird?

Lösen Sie die Aufgaben zeichnerisch und rechnerisch.

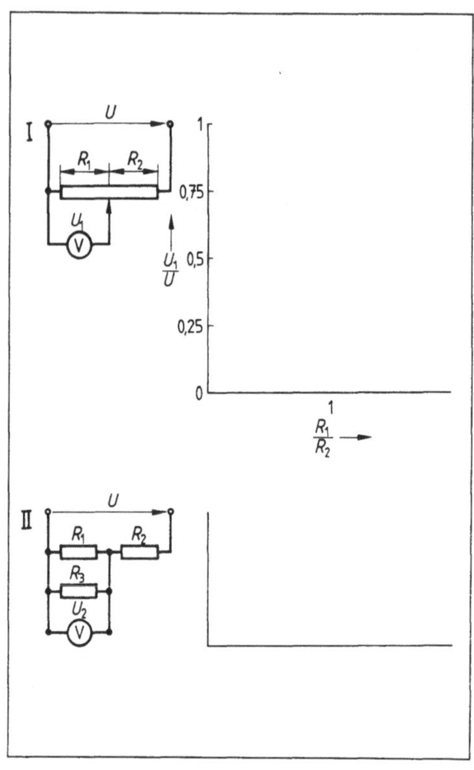

10. Spannungsteiler

Schaltung Die drei Widerstände in der Spannungsteilerschaltung haben den gleichen Wert ($R_1 = R_2 = R_3$).

Aufgabe a) Welchen Wert im Verhältnis zur Speicherspannung U hat die Spannung U_L am Lastwiderstand R_L?

b) Auf welchen Wert ändert sich das Spannungsverhältnis, wenn zu R_L noch ein gleicher Widerstand parallelgeschaltet wird?

Lösen Sie die Aufgabe auch zeichnerisch.

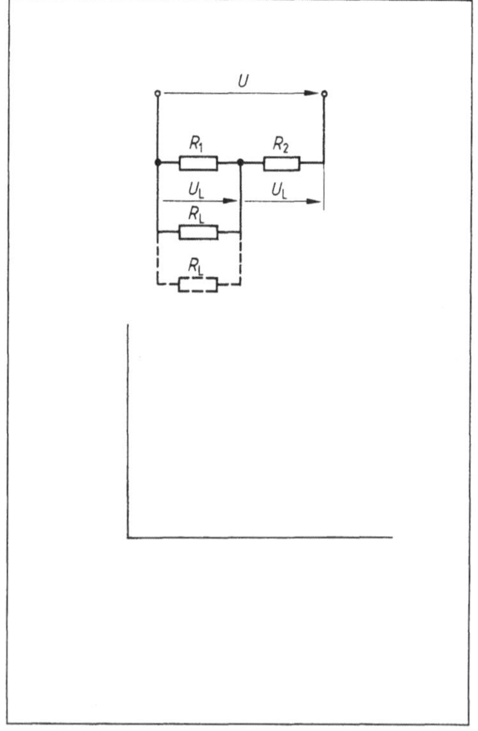

11. Abhängigkeit der Brückenspannung einer nicht abgeglichenen Brücke von der Schleiferstellung

Papierformat DIN A 4 in Hochlage

Schaltung Brückenschaltung

Aufgabe a) Ermitteln Sie die Brükkenspannung U_B in Abhängigkeit von der Schleiferstellung (R_T in Prozent von R = 100 Ω).

b) Zeichnen Sie den Spannungsverlauf in das vorbereitete Diagramm.

c) Wie verändert sich der Verlauf der „Kennlinie", wenn an die Stelle des Spannungssmessers R = 100 kΩ ein Verbraucher mit R = 100 Ω geschaltet wird?

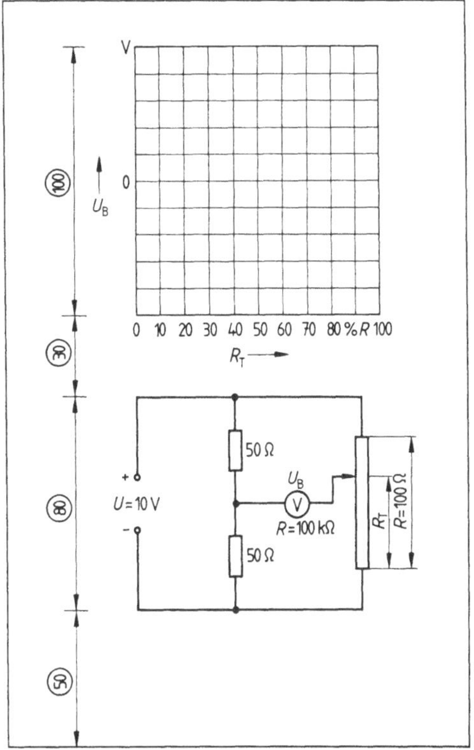

12. Widerstandsschaltung

Schaltung I Die Stromaufnahme der gesamten Schaltung beträgt 1 A.

Aufgabe Untersuchen Sie die Schaltung und stellen Sie fest, wie sich die Stromaufnahme ändert, wenn R_3 kurzgeschlossen (überbrückt) und wenn er aus der Schaltung ausgebaut wird. Begründen Sie Ihre Antwort.

Schaltung II Die Anschlußpunkte A und B werden mittels einer Kurzschlußbrücke verbunden.

Aufgabe Stellen Sie fest, ob und wie sich dadurch an den „elektrischen Verhältnissen" der Schaltung etwas ändert. Begründen Sie Ihre Antwort.

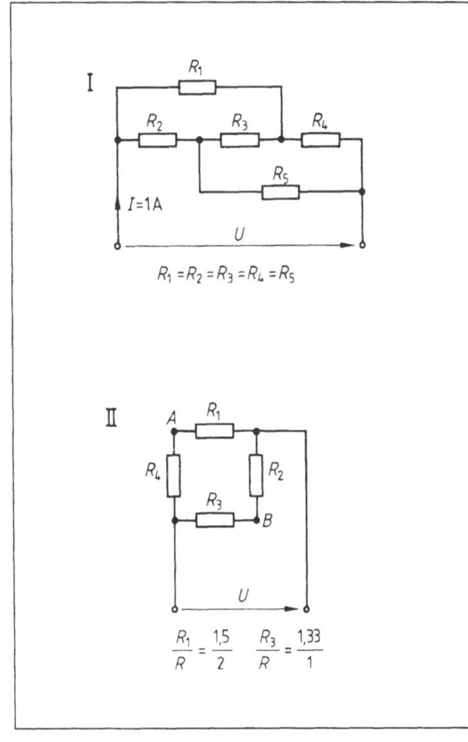

13. Widerstandsschaltung

Schaltung Die Widerstände R_1, R_2 und R_3 haben die gleichen Werte.

Aufgabe Bestimmen Sie das Spannungsverhältnis $U_4 : U$. Formulieren Sie Ihre Überlegungen, wie Sie beim Lösen der Aufgabe vorgehen. Lösen Sie die Aufgabe auch zeichnerisch.

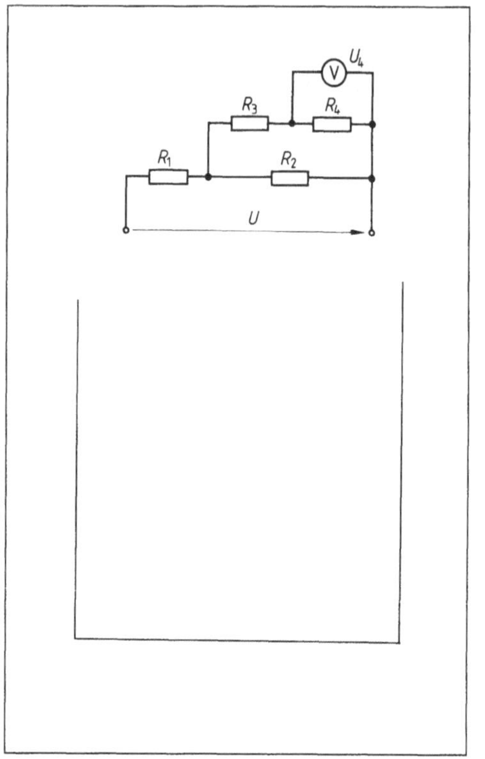

14. Abhängigkeit der Leistung von Stromstärke und Widerstand

Papierformat DIN A 4 in Hochlage

Schaltung Die Leistung eines Gleichstrom-Verbrauchers hängt ab von seinem Widerstand und von der Stromstärke.

Aufgabe Berechnen Sie mit Hilfe des Ohmschen Gesetzes und der Leistungsgleichung für Gleichstrom die Leistungsaufnahme eines Verbrauchers mit dem Widerstand 0,05 Ω bei den Stromstärken 10 A, 20 A, 30 A bis 120 A. Stellen Sie diese Abhängigkeit in einem Liniendiagramm dar.

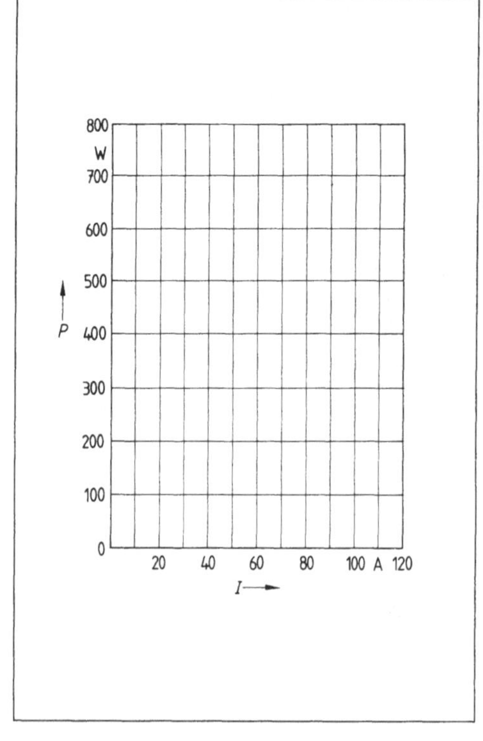

15. Abhängigkeit der Leistung von Spannung und Widerstand

Papierformat DIN A 4 in Hochlage

Schaltung Die Leistung eines Verbrauchers hängt ab von seinem Widerstand und der angelegten Spannung.

Aufgabe Berechnen Sie mit Hilfe des Ohmschen Gesetzes und der Leistungsgleichung die Leistungsaufnahme eines Widerstands 10 Ω bei den Spannungen 20 V, 40 V, 60 V bis 200 V. Stellen Sie diese Abhängigkeit in einem Liniendiagramm dar.

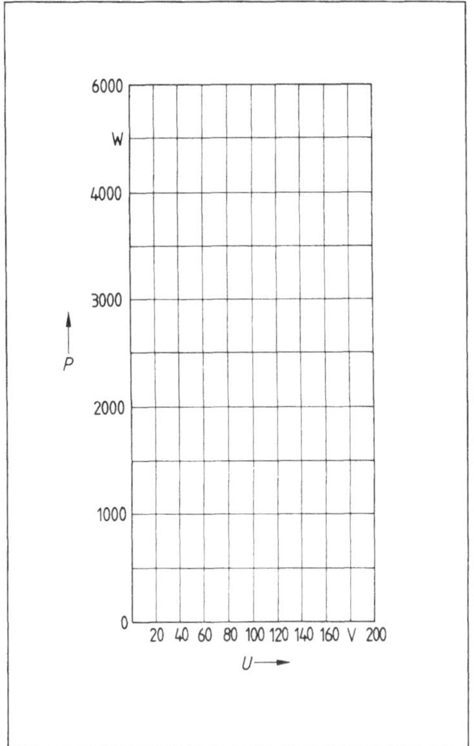

16. Leistungsanpassung

Gegeben sind zwei Spannungsquellen mit unterschiedlichem Innenwiderstand R_{i1} und R_{i2}. Berechnen Sie anhand der Meßwerte den jeweiligen Innenwiderstand, den Lastwiderstand R_a und die in R_a umgesetzte Leistung P_a. Tragen Sie P_a in Abhängigkeit von R_a – $P_a = f(R_a)$ – in einem Diagramm auf und ermitteln Sie den Wert von R_a bei $P_a = P_{amax}$. Vergleichen Sie diesen mit dem zugehörigen Innenwiderstand R_i.

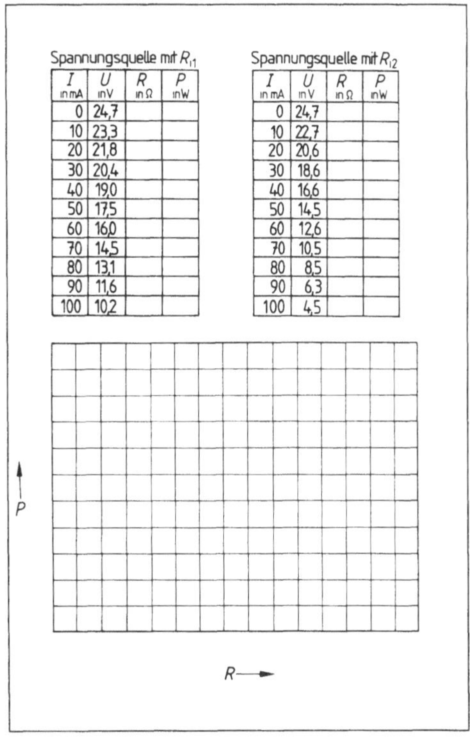

Spannungsquelle mit R_{i1}

I in mA	U in V	R in Ω	P in W
0	24,7		
10	23,3		
20	21,8		
30	20,4		
40	19,0		
50	17,5		
60	16,0		
70	14,5		
80	13,1		
90	11,6		
100	10,2		

Spannungsquelle mit R_{i2}

I in mA	U in V	R in Ω	P in W
0	24,7		
10	22,7		
20	20,6		
30	18,6		
40	16,6		
50	14,5		
60	12,6		
70	10,5		
80	8,5		
90	6,3		
100	4,5		

5.2 Installationsschaltungen

17. Ausschaltung

Papierformat DIN A 4 in Hochlage

Anlage Eine Lampe soll mit einem einpoligen Ausschalter geschaltet werden. Das Gehäuse der Lampe ist mit dem Schutzleiter zu verbinden. Der Außenleiter L1 muß über den Ausschalter geführt werden.

Es wird Stegleitung aus Kupfer mit dem Querschnitt 1,5 mm² verlegt.

Aufgabe Zeichnen Sie den Stromlaufplan in zusammenhängender Darstellung als Geräteverdrahtungsplan (oben) und den Installationsplan in einpoliger Darstellung (unten).

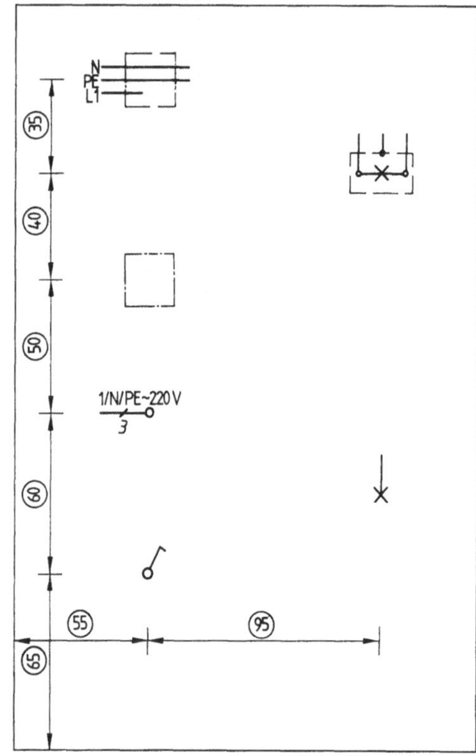

18. Ausschaltung

Papierformat DIN A 4 in Hochlage

Anlage In einem Raum befinden sich eine über einen Ausschalter geschaltete Lampe und eine Steckdose. Beide haben Schutzleiteranschluß. Als Leitung wird NYM Cu 1,5 verwendet.

Aufgabe Zeichnen Sie den Geräteverdrahtungsplan (oben) und vervollständigen Sie den Installationsplan in einpoliger Darstellung (unten).

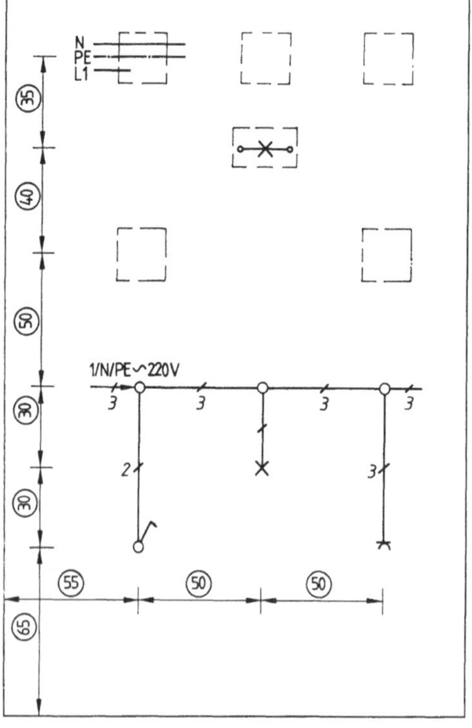

19. Installationspläne

Papierformat DIN A 4 in Hochlage

Anlage I Netzspannung 220 V, 50 Hz. In der Zuleitung Außen-, Mittel- und Schutzleiter. Ausschaltung für beide Lampen. Leitung NYRUZY Cu 1,5 auf Putz.

Anlage II Netzspannung 220 V, 50 Hz. In der Zuleitung Außen-, Mittel- und Schutzleiter. Der Ausschalter in der Schalter-Steckdosen-Kombination schaltet die Lampe E1, der andere die Lampe E2, Leitung NYM 1,5 in Putz.

Anlage III Netzspannung 220 V, 50 Hz. In der Zuleitung Außen-, Mittel- und Schutzleiter. Die Lampen werden getrennt über Ausschalter geschaltet (S1 schaltet E1, S2 schaltet E2). Leitung NYIF Cu 1,5 in Putz.

Aufgabe Zeichnen Sie die Installationspläne in einpoliger Darstellung mit allen erforderlichen Eintragungen.

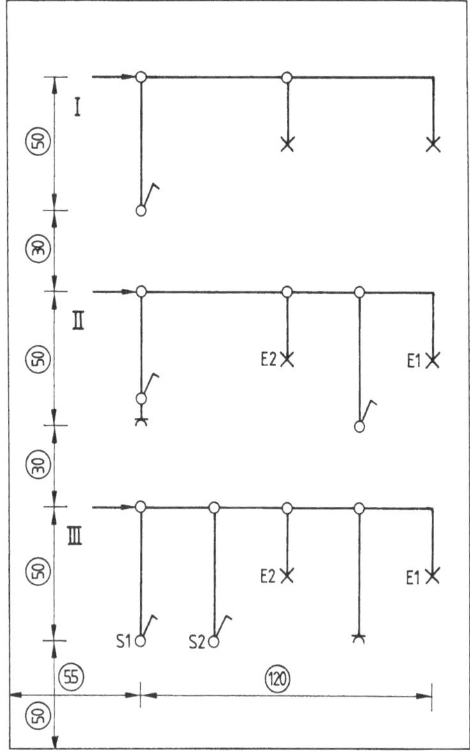

20. Serienschaltung

Papierformat DIN A 4 in Hochlage

Anlage Durch einen zweipoligen Umschalter mit vier Schaltstellungen (Serienschalter) sollen drei Lampen geschaltet werden:

Stellung 1 – Aus
Stellung 2 – eine Lampe eingeschaltet
Stellung 3 – alle Lampen eingeschaltet
Stellung 4 – zwei Lampen eingeschaltet

Der Außenleiter ist über den Schalter zu führen.

Aufgabe Zeichnen Sie den Geräteverdrahtungsplan (oben) und den Stromlaufplan in aufgelöster Darstellung (unten).

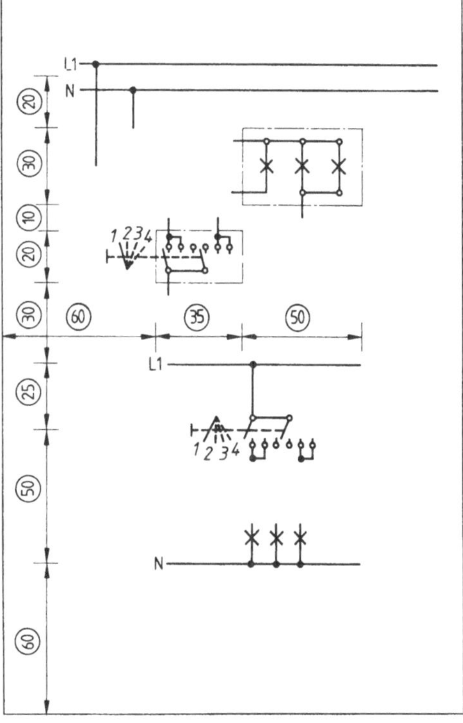

21. Serienschaltung und Ausschaltung

Papierformat DIN A 4 in Hochlage

Anlage I Mit einem Serienschalter (Wippschalter) sollen vier Lampen so geschaltet werden können:

Lampen 1 und 2 in Betrieb
Lampen 3 und 4 in Betrieb
Alle Lampen in Betrieb
Alle Lampen aus

Anlage II Die zwei Lampen einer Leuchte sollen durch einen einpoligen Ausschalter gemeinsam geschaltet werden.

Aufgabe Zeichnen Sie beide Anlagen jeweils als Stromlaufplan in zusammenhängender Darstellung.

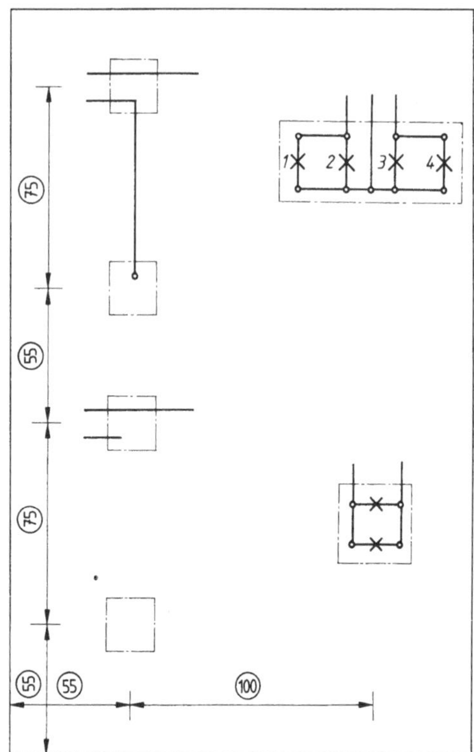

22. Installationspläne

Papierformat DIN A 4 in Hochlage

Anlage I Netzspannung 220 V, 50 Hz. In der Zuleitung Außen-, Mittel- und Schutzleiter. Die mittlere Lampe wird über einen eingebauten Ausschalter geschaltet. Die beiden anderen Leuchten mit je zwei Lampen können über den Serienschalter getrennt und auch gemeinsam eingeschaltet werden. Zu verlegen ist Stegleitung Cu 1,5 in Putz.

Anlage II Netzspannung 220 V, 50 Hz. In der Zuleitung Außen- Mittel- und Schutzleiter. Serienschaltung für die Leuchte mit drei Lampen, Ausschaltung für die einzelne Lampe. Stegleitung Cu 2,5 unter Putz.

Anlage III Netzspannung 220 V, 50 Hz. In der Zuleitung Außen-, Mittel- und Schutzleiter. Serienschaltung für die Lampen E2 und E3, Ausschaltung für die Lampe E1. Zu verlegen ist NYA Cu 1,5 in Isolierrohr unter Putz.

Aufgabe Zeichnen Sie die Anlagen in einpoliger Darstellung mit allen erforderlichen Eintragungen.

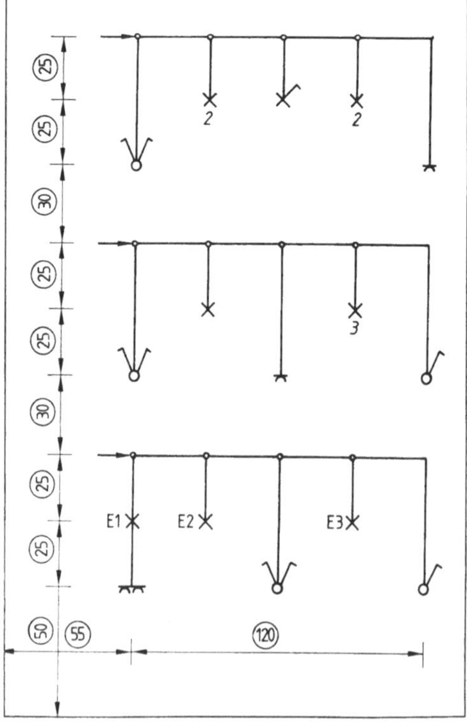

23. Wechselschaltung

Papierformat DIN A 4 in Hochlage

Anlage Eine Lampe soll von zwei Stellen aus beliebig ein- oder ausgeschaltet werden können. Für die Schaltung verwendet man zwei Wechselschalter (Wippschalter), die man auch als einpolige Umschalter bezeichnen kann. Zu verlegen ist NYM aus Kupfer mit dem Querschnitt 1,5 mm² unter Putz. Die beiden Schalter sind durch zwei Leitungen (die „Korrespondierenden") direkt miteinander verbunden.

Aufgabe Zeichnen Sie den Stromlaufplan in zusammenhängender Darstellung und den Installationsplan (einpolig).

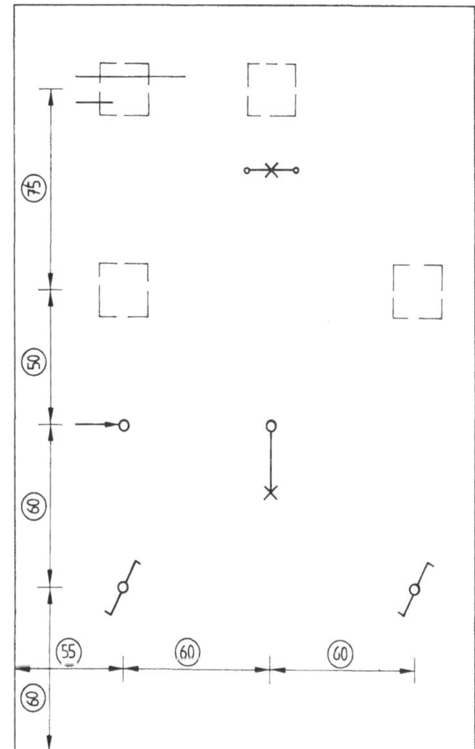

24. Wechselschaltung

Papierformat DIN A 4 in Hochlage

Anlage Eine Lampe kann von zwei Stellen aus beliebig ein- und ausgeschaltet werden. Dafür verwendet man zwei einpolige Umschalter (Wechselschalter).

Aufgabe Zeichnen Sie den Stromlaufplan in zusammenhängender Darstellung und in aufgelöster Darstellung.

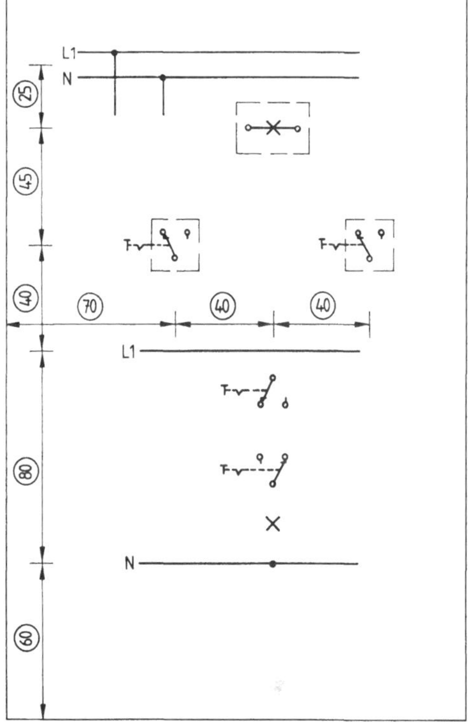

25. Spar-Wechselschaltung

Papierformat DIN A 4 in Hochlage

Anlage Eine Lampe soll von zwei Stellen aus beliebig ein- und ausgeschaltet werden können. Die Schaltung ist so aufzubauen, daß in jeder Abzweigdose Außen- und Mittelleiter vorhanden und trotzdem nur vier Adern zwischen den Dosen nötig sind. Es werden Wechselschalter eingesetzt.

Zu verlegen ist Stegleitung Cu 1,5 unter Putz.

Aufgabe Zeichnen Sie den Stromlaufplan in zusammenhängender Darstellung und in einpoliger Darstellung.

Beachten Sie Außenleiter und Mittelleiter dürfen nicht zusammen an den Wechselschaltern angeschlossen werden. (Warum nicht?)

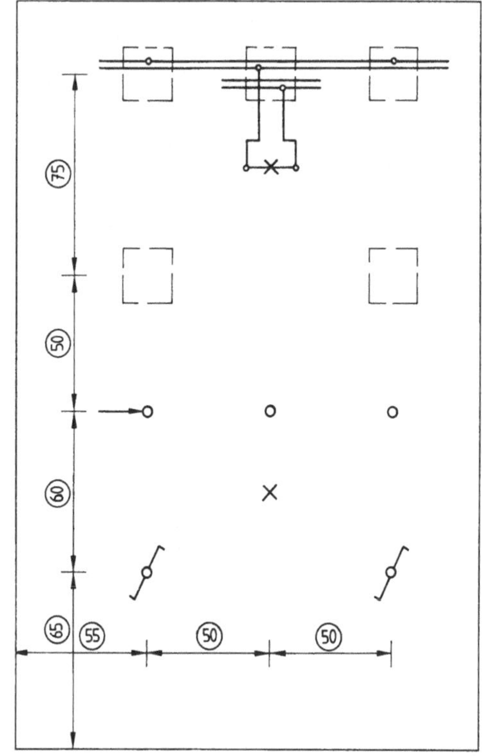

26. Wechselschaltung und Ausschaltung

Papierformat DIN A 4 in Breitlage

Anlage Die in der einpoligen Darstellung gezeichnete Anlage ist so zu schalten, daß die Lampe E1 von den Wechselschaltern und die Lampe E2 vom Ausschalter betätigt werden kann.

Aufgabe Zeichnen Sie den Stromlaufplan in zusammenhängender Darstellung.

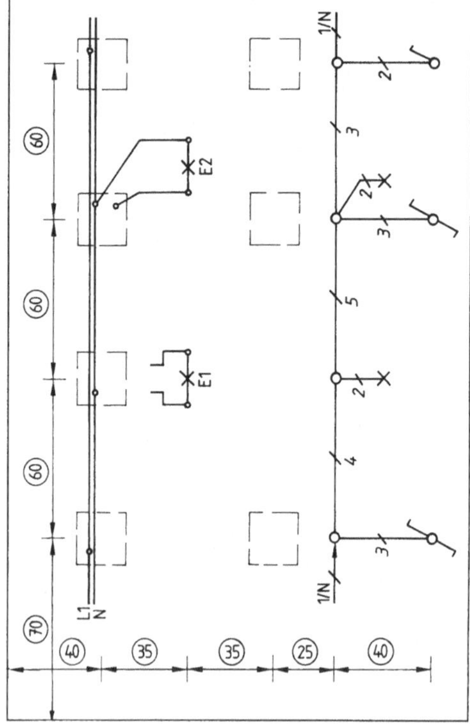

27. Schaltungen in einpoliger Darstellung

Papierformat DIN A 4 in Hochlage

Anlage I Netzspannung 220 V, 50 Hz. In der Zuleitung Außen-, Mittel- und Schutzleiter. Ausschaltung für Lampe E1, Wechselschaltung für Lampe E2, NYM Cu 1,5 im Putz.

Anlage II Netzspannung 220 V, 50 Hz. In der Zuleitung Außen-, Mittel- und Schutzleiter. Ausschaltung für die Lampe E2, Wechselschaltung für die Lampen E1 und E3. NYIF Cu 1,5 im Putz.

Aufgabe Vervollständigen Sie die Installationspläne mit allen erforderlichen Angaben.

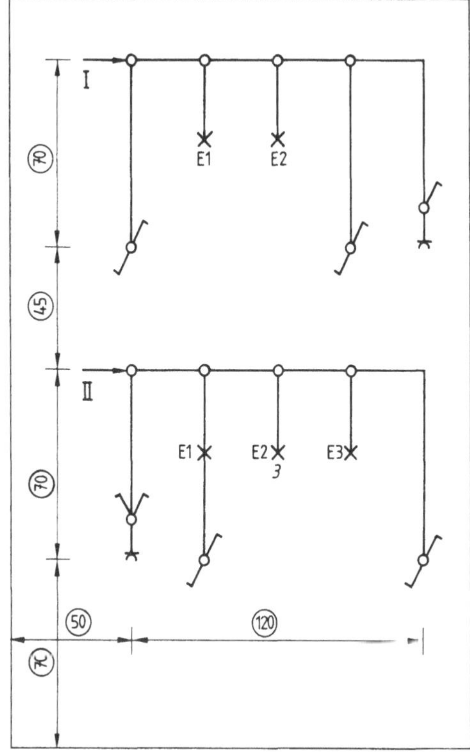

28. Kreuzschaltung

Papierformat DIN A 4 in Breitlage

Anlage Die drei Lampen einer Innenbeleuchtung sollen von drei Stellen aus gemeinsam ein- und ausgeschaltet werden können. Man setzt zwei einpolige und einen zweipoligen Umschalter ein.

Aufgabe Zeichnen Sie den Stromlaufplan der Anlage in zusammenhängender Darstellung und in aufgelöster Darstellung.

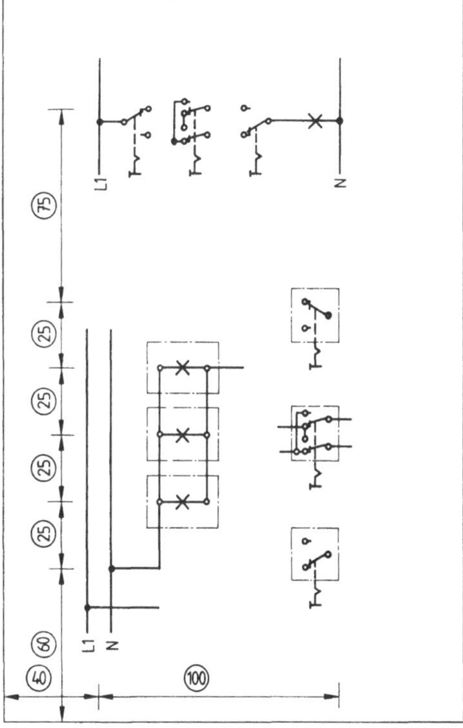

29. Kreuzschaltung

Papierformat DIN A 4 in Breitlage

Anlage Zwei Lampen können gemeinsam ein- und ausgeschaltet werden, die beiden äußeren Schalter sind Wechselschalter, die beiden anderen Kreuzschalter.

Aufgabe Zeichnen Sie den Stromlaufplan der Anlage in zusammenhängender Darstellung.

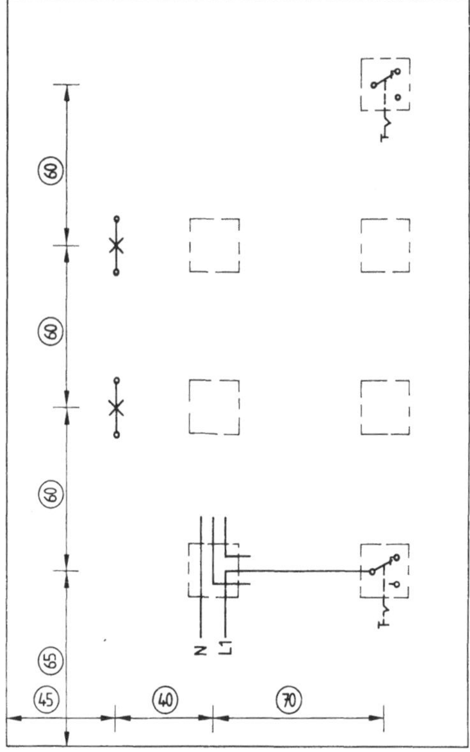

30. Leitungsunterbrechungen in einer Serienschaltung

Anlage Stellen Sie fest, wie sich diese Störung bei den einzelnen Schaltstellungen des Serienschalters auf die Funktion der Anlage auswirkt.

Aufgabe Untersuchen Sie die Auswirkungen bei Drahtbruch ① oder ② oder ③.

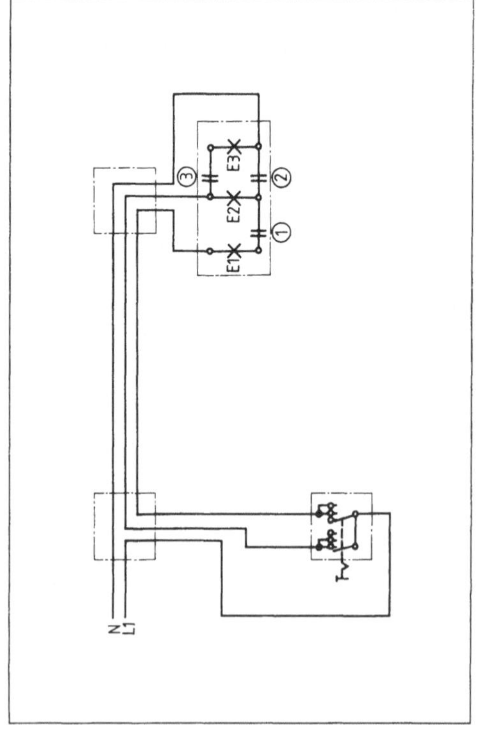

31. Schaltfehler

Anlage I Nach dieser Schaltung wurde eine Wechselschaltung installiert.

Anlage II Eine nach dieser Zeichnung installierte Anlage arbeitet nicht.

Aufgabe Stellen Sie fest, ob die Anlage I einwandfrei arbeitet oder einen Fehler enthält. Falls Sie einen Fehler entdekken, beschreiben Sie ihn.

Suchen Sie den Fehler in der Anlage II und beheben Sie ihn in der Zeichnung.

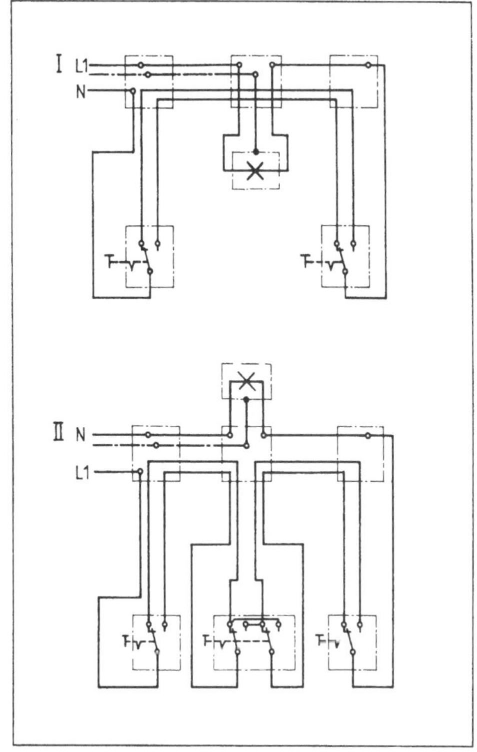

32. Wechselschaltung mit Schaltfehlern

Anlage Bei der Installationssschaltung sind mehrere Schaltfehler gemacht worden.

Aufgabe a) Welche Fehler wurden gemacht?

b) Beschreiben Sie, wie sich die Fehler auf die Funktion der Schaltung auswirken. Verfolgen Sie dazu den Stromverlauf bei allen Schalterstellungen und vergleichen Sie die sich ergebenden Funktionen mit denen der „richtigen" Schaltung.

c) Zeichnen Sie die Schaltung richtig.

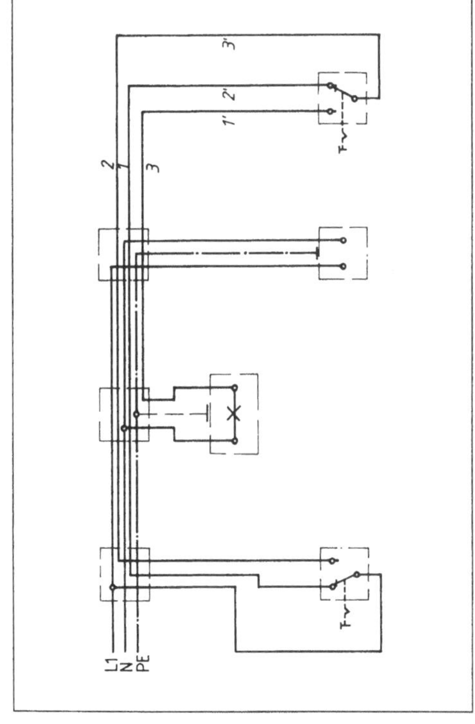

33. Kreuzschaltung mit Schaltfehlern

Anlage Die dargestellte Kreuzschaltung enthält einen Schaltfehler.

Aufgabe a) Welcher Fehler wurde gemacht?

b) Beschreiben Sie die Funktion der fehlerhaften Schaltung und vergleichen Sie sie mit der richtigen Schaltung.

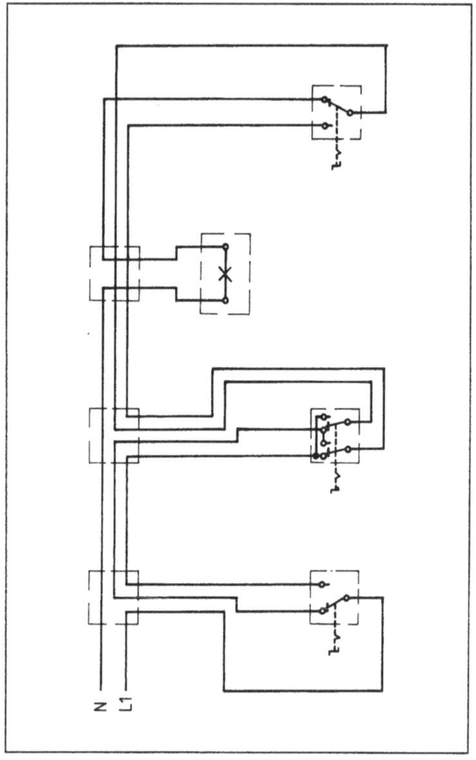

34. Lampenschaltung mit Schaltfehlern

Anlage Die Lampe E1 soll mit den zwei Wechselschaltern, die Lampe E2 mit dem Ausschalter geschaltet werden. Bei der Installation sind mehrere Schaltfehler gemacht worden.

Aufgabe a) Beschreiben Sie die Funktion der dargestellten Anlage. Gehen Sie dabei vom gegebenen Schaltzustand des Ausschalters aus und prüfen Sie die Wirkungsweise der Wechselschaltung. Schließen Sie dann den Ausschalter und gehen Sie erneut die einzelnen Schaltstellungen der Wechselschalter durch. Vergleichen Sie das Ergebnis mit der Funktion der richtigen Schaltung.

b) Funktioniert die Ausschaltung in jedem Fall?

c) Welche Schaltfehler wurden gemacht?

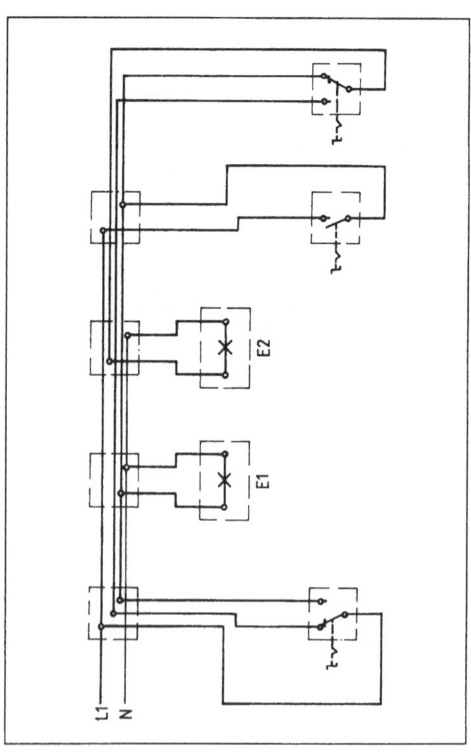

35. Lampenschaltung mit Schaltfehlern

Anlage Die Lampen der Leuchte E1 sollen durch den Serienschalter geschaltet werden. Für die Lampen der Leuchte E2 ist die Kreuzschaltung vorgesehen. In dieser Schaltung sind einige Leitungsverbindungen falsch geschaltet worden.

Aufgabe Ermitteln Sie diese Schaltfehler.

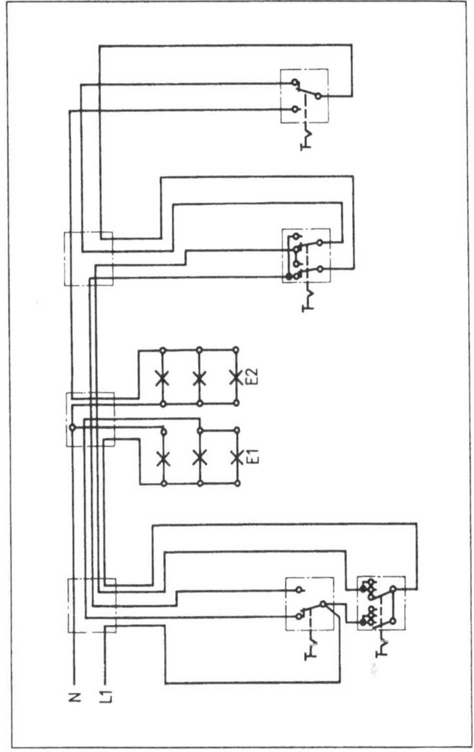

36. Lampenschaltung mit Stromstoßschalter

Papierformat DIN A 4 in Breitlage

Anlage Alle Lampen sollen gemeinsam von drei Schaltstellen aus über einen Stromstoßschalter ein- und ausgeschaltet werden können. Die Betriebsspannung der Lampen ist 220 V, 50 Hz bzw. 8 V, 50 Hz.

Wirkungsweise des Stromstoßschalters: Bekommt die Spule über einen Tastschalter Spannung, wird der Schließer des Stromstoßschalters geschlossen. Öffnet der Tastschalter nach Betätigung wieder, bleibt der Schließer in seiner Lage (geschlossen). Beim erneutem Betätigen des Tastschalters öffnet der Schließer den Stromkreis und bleibt auch nach der Schalterbetätigung offen.

Aufgabe Zeichnen Sie den Stromlaufplan in zusammenhängender Darstellung für beide Anlagen

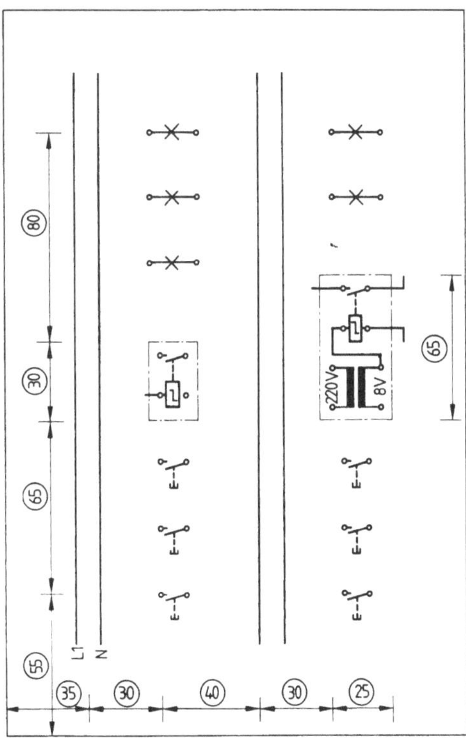

37. Treppenhausbeleuchtung mit Stromstoßschalter

Papierformat DIN A 4 Hochlage

Anlage Die vier Lampen einer Treppenhausbeleuchtung werden von vier Schaltstellen aus über einen Stromstoßschalter geschaltet. Betriebsspannung der Lampen und des Stromstoßschalters 220 V, 50 Hz. Verwendete Leitung NYIF Cu 1,5 mm² in Putz.

Aufgabe Zeichnen Sie die Anlage als Stromlaufplan in zusammenhängender Darstellung und in einpoliger Darstellung.

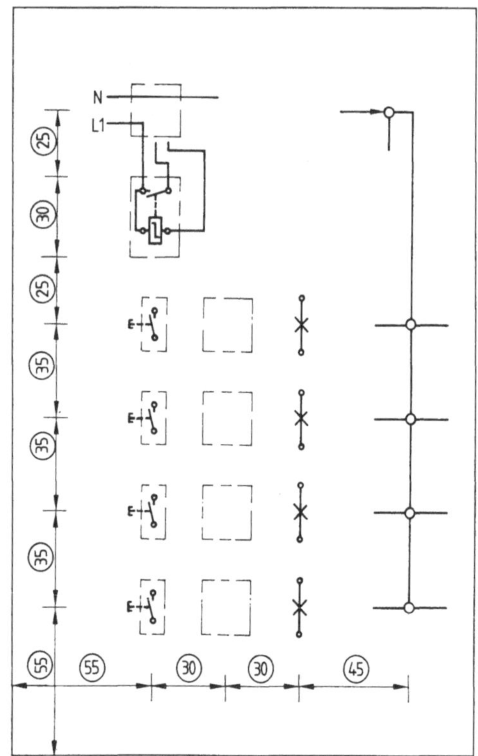

38. Treppenhausbeleuchtung mit (altem) Treppenhausautomat

Papierformat DIN A 4 in Hochlage

Anlage Ältere Treppenhausautomaten enthalten thermisch oder mechanisch abfallverzögerte Relais und Wahlschalter mit den Schaltstellungen: Aus – Abend (Dauerlicht) – Nacht (Minutenlicht). Die Tastschalter werden an den Mittelleiter angeschlossen. Wird der Tastschalter gedrückt, zieht das Relais an und betätigt das Umschaltglied (Wechsler). Nach Ablauf der einstellbaren Zeit geht der Wechsler in seine Ausgangstellung zurück. In dem älteren Schaltbild des Stromstoßschalters bedeuten: D = Drücker (Tastschalter), L = Lampen, P = Phase (Außenleiter). Der Wahlschalter ist ein Gruppenschalter.

Aufgabe Zeichnen Sie den Stromlaufplan der Anlage in zusammenhängender Darstellung.

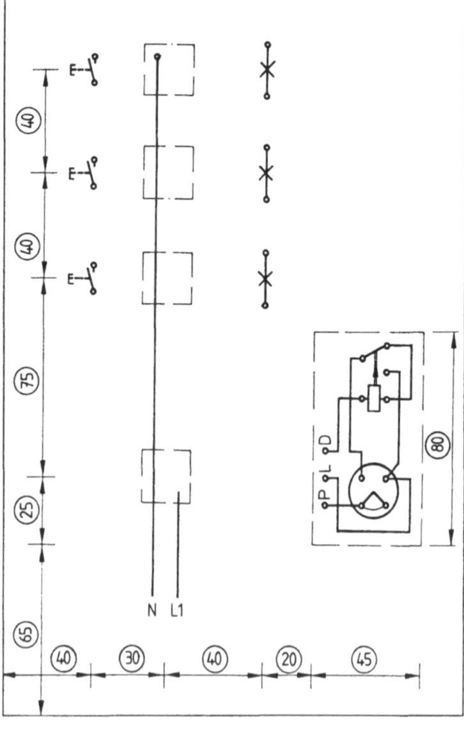

Beachten Sie Diese Schaltung darf nur verwendet werden, wenn der Mittelleiter keine Schutzfunktion hat.

39. Schaltfehler in einer Lampenschaltung mit Stromstoßschalter

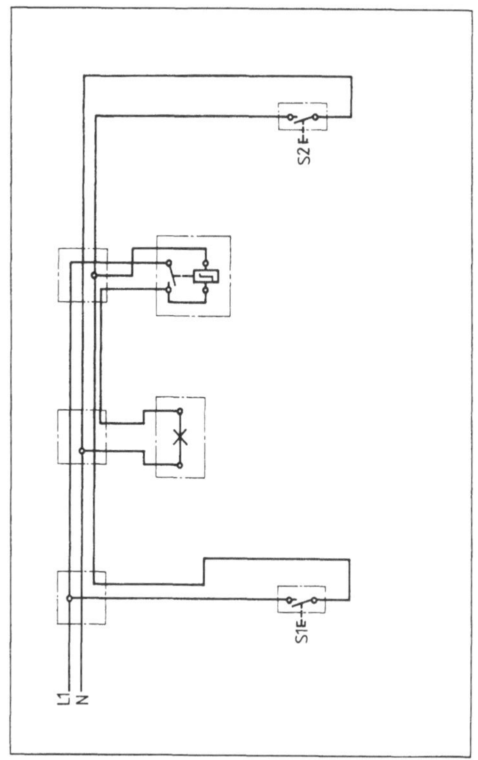

Anlage Lampe, Stromstoßschalter und Tastschalter sollten so geschaltet werden, daß die Lampe von beiden Tastschaltern aus in beliebiger Folge ein- bzw. ausgeschaltet werden kann. Beim Prüfen der Schaltung wird jedoch festgestellt: Die Lampe läßt sich nur über S1 einschalten. Dabei bekommt allerdings die Spule des Stromstoßschalters Unterspannung. Ausschalten kann man die Lampe nur mit S2.

Aufgabe Begründen Sie die dargestellte falsche Funktion, indem Sie den bzw. die Schaltfehler ermitteln.

40. Installationsplan im Gebäudegrundriß

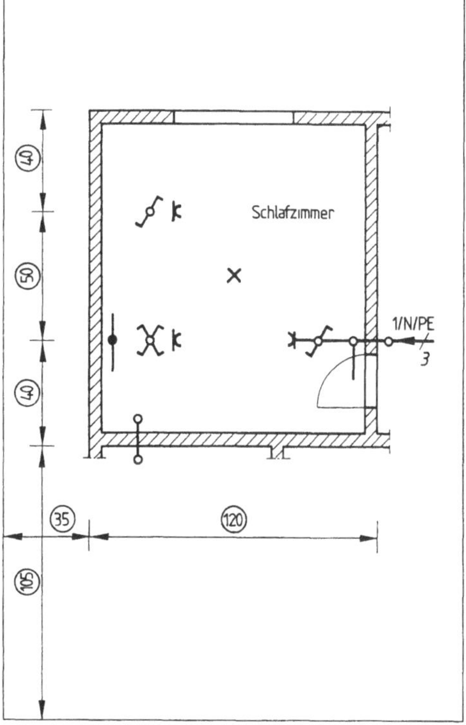

Papierformat DIN A 4 in Hochlage

Anlage Für die Deckenleuchte eines Schlafzimmers sind drei Schaltstellen vorgesehen, und zwar an der Tür und zu beiden Seiten der Ehebetten. An jeder Schaltstelle ist ein Schalter-Steckdosen-Kombination zu installieren. Die Verbindung zwischen den Schaltstellen an den Betten wird ohne Abzweigdose hergestellt. Es wird Stegleitung verlegt.

Aufgabe Zeichnen Sie den Installationsplan mit allen erforderlichen Eintragungen in den Grundriß ein.

41. Installationsplan im Gebäudegrundriß

Papierformat DIN A 4 in Hochlage

Anlage In einem Wohnraum sind drei Wandlampen, eine dreiteilige Deckenleuchte, drei Zweifach-Steckdosen und eine Einfach-Steckdose zu installieren. Die Wandlampen werden von einem Ausschalter, die drei Lampen der Deckenbeleuchtung von einem Serienschalter geschaltet. Beide Schalter befinden sich in einer Schalter-Steckdosen-Kombination an der Tür. Es wird Stegleitung Cu mit 1,5 mm² Querschnitt verlegt. Die Zweifach-Steckdosen werden 40 cm über dem Fußboden angebracht.

Aufgabe Zeichnen Sie den Installationsplan mit allen erforderlichen Angaben in den Zimmergrundriß ein.

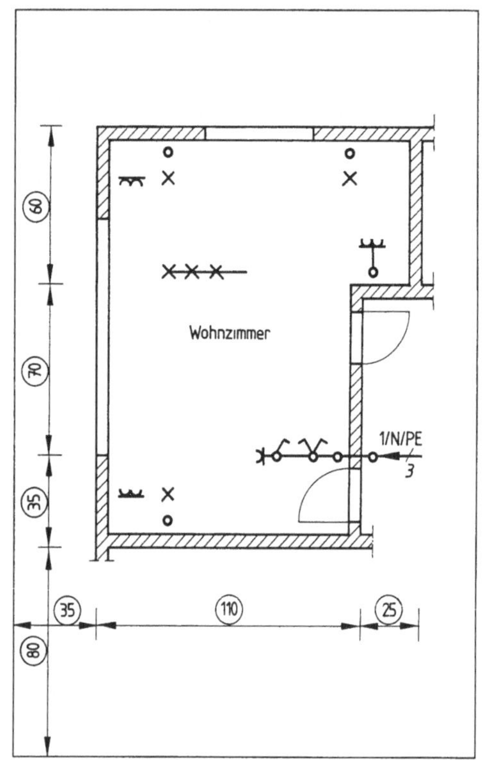

42. Installationsplan im Gebäudegrundriß

Papierformat DIN A 4 in Hochlage

Anlage Im Eßzimmer sind eine dreiteilige Deckenleuchte, drei Wandlampen und vier Steckdosen zu installieren. Die drei Lampen der Deckenleuchte werden vom Serienschalter, die Wandlampen vom Ausschalter geschaltet.

In der Küche sollen Sie eine Deckenleuchte, eine schaltbare Wandleuchte, zwei Steckdosen, einen Elektroherd und eine Waschmaschine installieren. Die Waschmaschine braucht 220 V Wechselspannung, der Herd 380 V Dreiphasen-Wechselspannung. Beide Geräte sind fest anzuschließen. Es wird Stegleitung verlegt unter Putz.

Aufgabe Zeichnen Sie den Installationsplan mit allen erforderlichen Angaben in den Grundriß beider Räume ein.

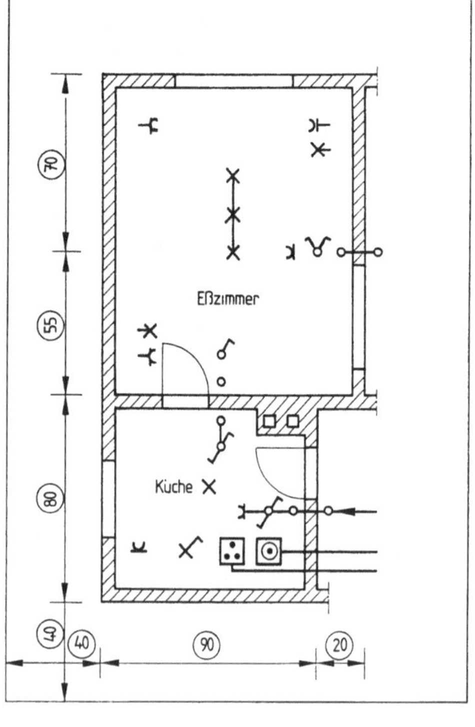

43. Installationsplan im Gebäudegrundriß

Papierformat	DIN A 3 in Breitlage
Raummaße	Wohnzimmer I 7,50 m x 4,50 m; Wohnzimmer II 5,50 m x 4,50 m; Eßzimmer 3,75 m x 3,50 m; Küche 4,00 m x 2,50 m; Toilette 1,50 m x 1,50 m; Garderobe 2,00 m x 1,50 m; Diele 3,75 m x 2,50 m; Treppenhaus 4,25 m x 1,00 m. Die Tür zur Toilette ist 0,75 m breit, alle anderen Türen sind 1,00 m breit. Die Durchgänge zwischen den Wohnzimmern und zum Eßzimmer sind 2,00 m breit.
Anlage	
Wohnz. I	Wechselschaltung für die drei Deckenleuchten, Schalter-Steckdosen-Kombination an den Durchgängen, andere Steckdosen 40 cm über dem Fußboden.
Wohnz. II	Wechselschaltung für Deckenleuchte und Wandlampen, Schalter-Steckdosen-Kombination an der Tür, andere Steckdosen 40 cm über dem Fußboden.
Eßzimmer	Serienschaltung für die drei Deckenleuchten, Schalter-Steckdosen-Kombination an der Tür, andere Steckdosen 40 cm über dem Fußboden.
Küche	Wechselschaltung für die Leuchtstofflampe, Schalter-Steckdosen-Kombination an der linken Tür, Heißwassergerät und Elektroherd für Einphasen-Wechselspannung 220 V, 50 Hz.
Toilette	Ausschaltung für die Deckenleuchte.
Garderobe	Ausschaltung für 2 Wandlampen.
Diele	Wechselschaltung für 2 Wandlampen.
Aufgabe	Zeichnen Sie den Wohnungsgrundriß im Maßstab 1:50 und dann den vollständigen Installationsplan ein. Achten Sie auf größtmögliche Übersichtlichkeit. Tragen Sie nur Betriebsmittel ein, die tatsächlich erforderlich sind (wichtig bei Abzweigdosen).
Beachten Sie	Beim Festlegen der Leiterzahl ist der Schutzleiter zu berücksichtigen.

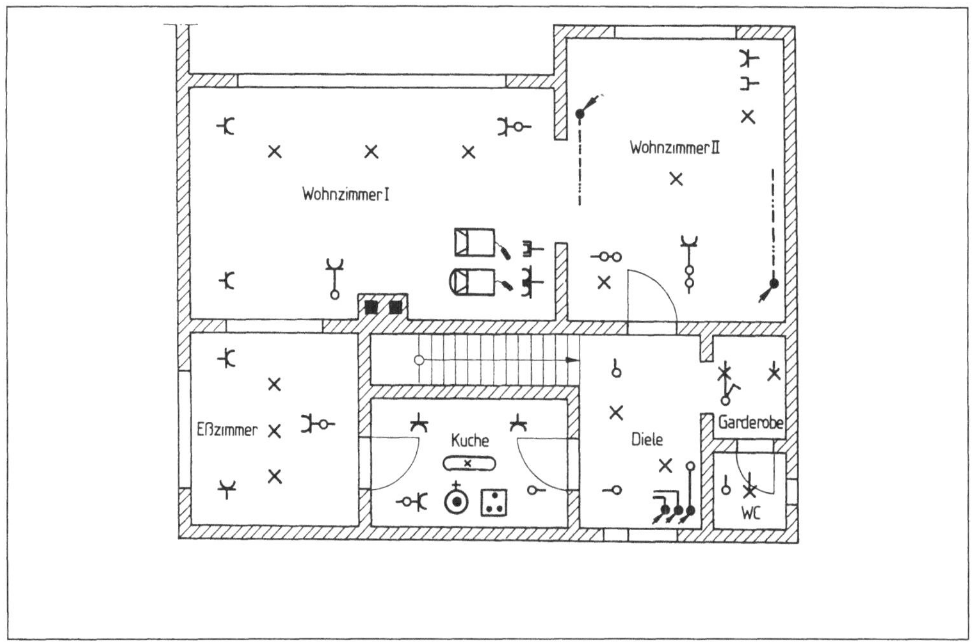

44. Installationsplan im Gebäudegrundriß

Papierformat DIN A 4 in Hochlage

Anlage Zählertafel und Verteilung befinden sich in der Diele. Die Deckenleuchten in der Diele und im Windfang werden gemeinsam über einen Stromstoßschalter geschaltet. In der Toilette und im Nebenraum ist jeweils eine Deckenleuchte mit Ausschalter an der Tür vorgesehen. Herd, Waschmaschine und Heißwasserbereiter enthalten 220 V Wechselspannung und werden über Steckdosen angeschlossen (zur besseren Übersicht fest angeschlossen gezeichnet). Der Ausschalter schaltet die Leuchtstofflampe. Verlegt wird Stegschaltung.

Aufgabe Zeichnen Sie den Installationsplan in den Grundriß ein.

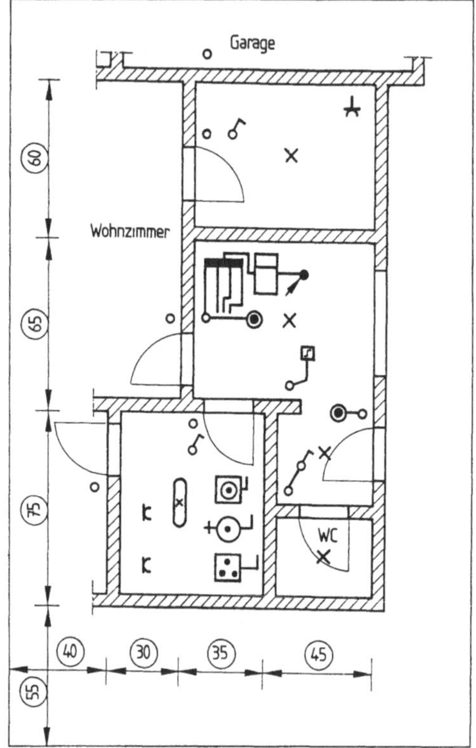

45. Weckeranlage für ein Dreifamilienhaus

Papierformat DIN A 4 in Hochlage

Anlage In jeder Wohnung ist ein Wecker installiert, der sich jeweils vom Taster an der Wohnungstür und vom Taster an der Haustür betätigen läßt.

Aufgabe Zeichnen Sie den Stromlaufplan der Anlage in zusammenhängender Darstellung.

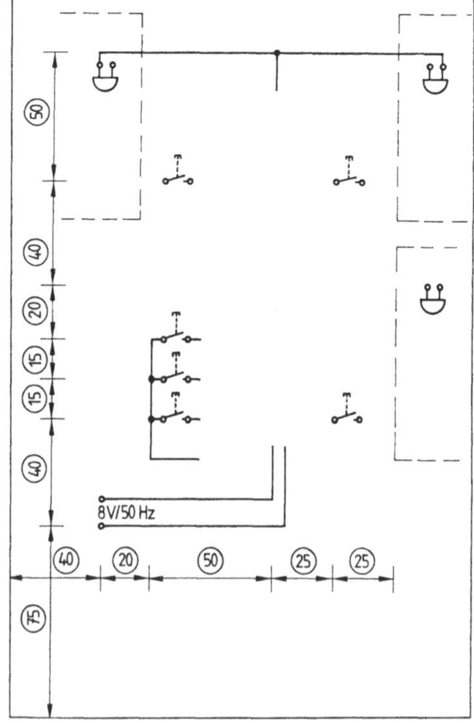

46. Weckeranlage für ein Vierfamilienhaus mit Türöffner

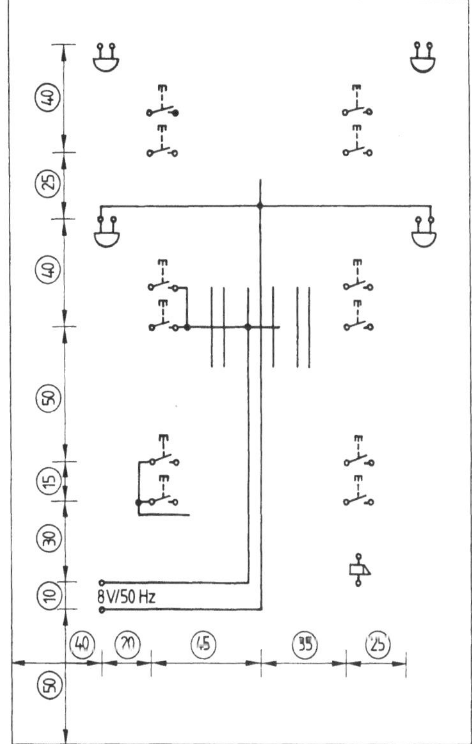

Papierformat DIN A 4 in Hochlage

Anlage In allen vier Etagenwohnungen befindet sich ein Wecker, der durch einen Tastschalter an der Wohnungstür oder einen Tastschalter an der Haustür betätigt wird. An jeder Wohnungstür befindet sich außerdem ein Tastschalter für den Türöffner.

Aufgabe Zeichnen Sie den Stromlaufplan der Anlage in zusammenhängender Darstellung.

47. Weckeranlage mit Schaltfehlern

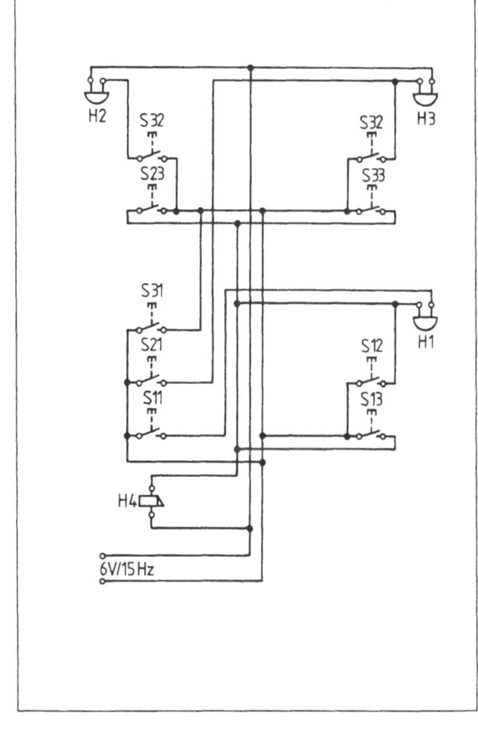

Anlage Beim Prüfen der neu installierten Anlage werden Fehler festgestellt:

Vorgesehene Funktion: Tastschalter (Taster oder „Drücker") S11 und S12 betätigen den Wecker H1, die Taster S21 und S22 den Wecker H2, die Taster S31 und S32 den Wecker H3, die Taster S13, S23 und S33 den Türöffner.

Störungen: Der Taster S12 betätigt den Türöffner H4 statt des Weckers H1. Beim Betätigen des Tasters S11 arbeiten Wecker H1 und Türöffner H4 gleichzeitig, allerdings mit Unterspannung. Die Betätigung des Tasters S31 schließlich bleibt wirkungslos.

Aufgabe Prüfen Sie die Schaltung und stellen Sie die Ursachen der Störung fest.

48. Viertaktschaltung mit Nockenschalter für eine Heizung

Papierformat DIN A 4 in Hochlage

Anlage Die beiden Widerstände einer Elektroheizung sollen durch einen Nockenschalter so geschaltet werden:

Stellung 1 – Aus
Stellung 2 – R1 und R2 in Reihe eingeschaltet
Stellung 3 – nur R2 eingeschaltet
Stellung 4 – R1 und R2 parallelgeschaltet

Anstelle früher üblicher Walzenschalter verwendet man heute vorwiegend Nockenschalter (Schalter mit Nocken auf einer Scheibe, die Schaltstücke öffnen oder schließen). Unser Nockenschalter hat vier „Einzelschalter" (S1 bis S4). Der Schalter (oben rechts) in nicht genormter Darstellung soll die Arbeitsweise deutlich machen. Der Stromlaufplan in aufgelöster Darstellung zeigt die Schaltung mit „Einzelschaltern" in Stellung 1 des Nockenschalters.

In einer Schalttabelle – sie gehört zur Zeichnung – wird durch Kreuze angezeigt, welche Kontakte bei welcher Schaltstellung geschlossen sind.

Aufgabe Zeichnen Sie (oben) den Verdrahtungsplan der Anlage.

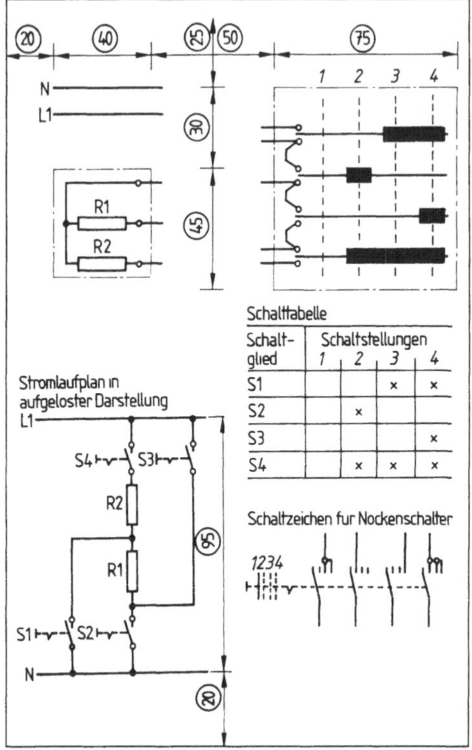

Schaltglied	Schaltstellungen 1	2	3	4
S1			×	×
S2		×		
S3				×
S4		×	×	×

49. Siebentaktschaltung mit Nockenschalter für eine Kochplatte

Papierformat DIN A 4 in Breitlage

Anlage Die drei Heizwiderstände einer Kochplatte werden durch einen Nockenschalter so geschaltet:

Stellung 1 – Aus
Stellung 2 – Alle Widerstände parallel eingeschaltet
Stellung 3 – R1 und R2 parallel eingeschaltet
Stellung 4 – R1 eingeschaltet
Stellung 5 – R2 eingeschaltet
Stellung 6 – R1 und R2 in Reihe eingeschaltet
Stellung 7 – Alle Widerstände in Reihe eingeschaltet

Aufgabe Zeichnen Sie den Geräte„verdrahtungs"plan des Nockenschalters, den Verdrahtungsplan der Anlage und vervollständigen Sie die Schalttabelle.

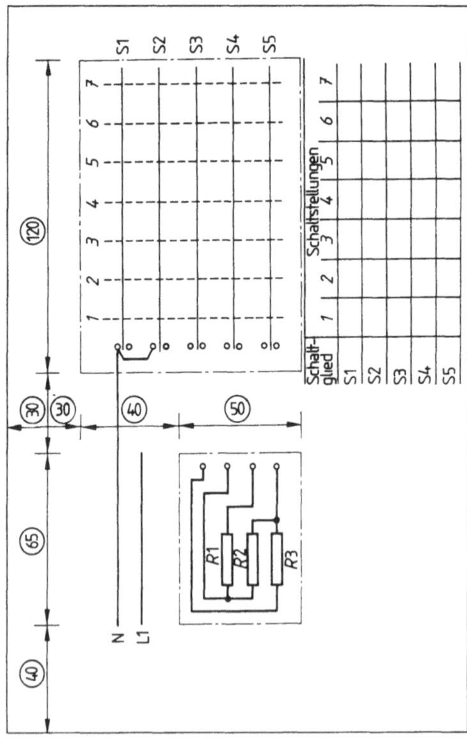

5.3 Relais- und Schützschaltungen

50. Signalanlage mit Hupe

Papierformat DIN A 4 in Hochlage

Anlage Beim Betätigen des „Ein"-tasters S2 soll das Relais K1 anziehen und die Hupe H1 in Betrieb setzen. Das Relais bleibt auch nach dem Öffnen des Eintasters eingeschaltet. Erst beim Betätigen des „Aus"tasters S1 fällt es ab und unterbricht den Stromkreis für die Hupe.

Aufgabe Zeichnen Sie den Stromlaufplan in zusammenhängender und in aufgelöster Darstellung.

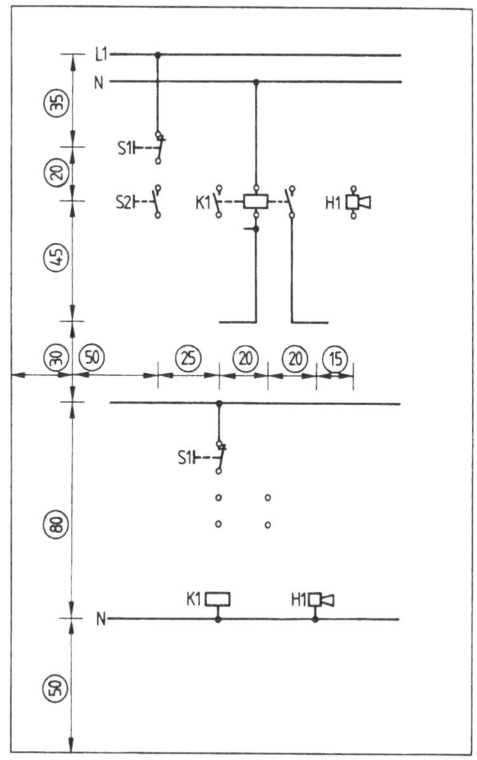

51. Schützschaltung für einen Elektroofen

Papierformat DIN A 4 in Hochlage

Anlage Ein Elektroofen soll von zwei Schaltstellen aus mit Doppel-Drucktastern ein- und ausgeschaltet werden können. An jeder Schaltstelle befinden sich ein Aus- und ein Eintaster (Tastschalter).

Aufgabe Zeichnen Sie zunächst den Stromlaufplan in zusammenhängender Darstellung, dann den Steuerstromkreis in aufgelöster Darstellung.

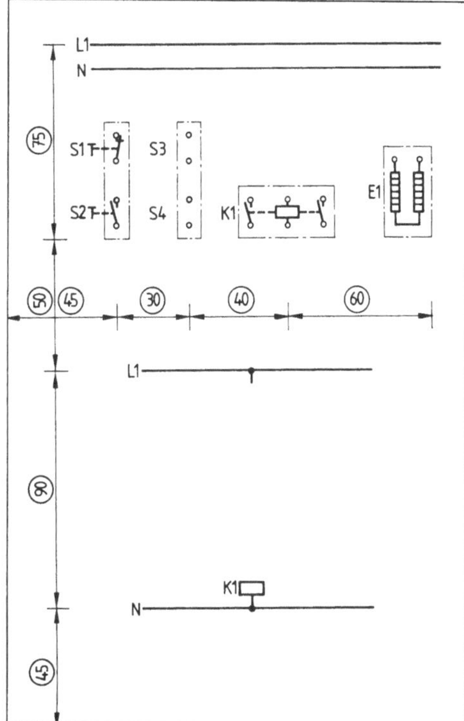

52. Alarmanlage mit Relais und Endschaltern (Grenztaster)

Papierformat DIN A 4 in Hochlage

Anlage Die von einer netzunabhängigen Spannungsquelle gespeiste Alarmanlage eines Verkaufsraums wird betriebsbereit geschaltet, indem man den Schalter S1 schließt und den Tastschalter S2 betätigt. Die beiden Endschalter (Grenztaster) S3 und S4 sind so an den Türen angebracht, daß sie sofort öffnen, wenn die betreffende Tür geöffnet wird. Dadurch wird die Hupe in Betrieb gesetzt.

Aufgabe a) Wie kann man die Hupe wieder abstellen?

b) Zeichnen Sie den Stromlaufplan in zusammenhängender Darstellung.

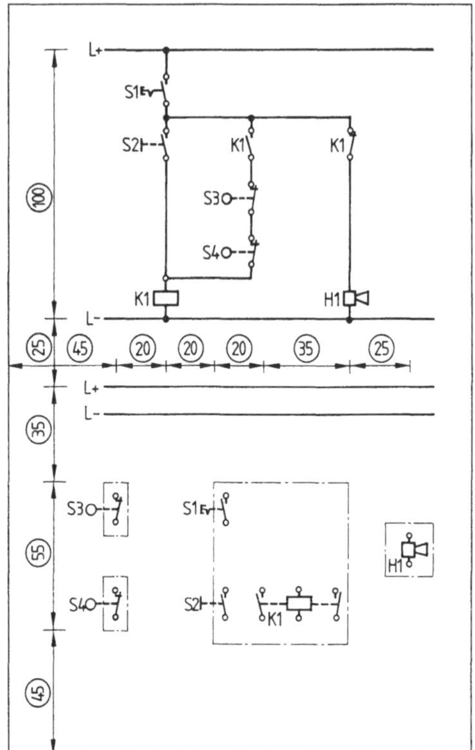

53. Alarmanlage mit Schaltfehlern

Anlage Die Funktion der Alarmanlage entspricht Aufgabe 52. Sie ist nur um eine Signallampe erweitert, die die Betriebsbereitschaft anzeigt. Die vorgesehene richtige Schaltung zeigt der Stromlaufplan in aufgelöster Darstellung.

Beim Verdrahten des Schaltgeräts und bei der Installation der Anlage ergaben sich einige Schaltfehler, die in den Stromlaufplan in zusammenhängender Darstellung aufgenommen wurden.

Aufgabe Vergleichen Sie die beiden Stromlaufpläne, ermitteln Sie die Schaltfehler und stellen Sie fest, wie sich die Schaltfehler auf die Funktion der Anlage auswirken.

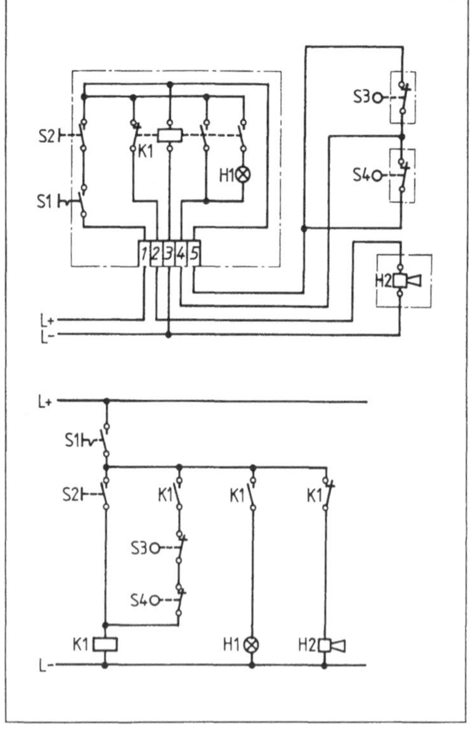

54. Schützschaltung

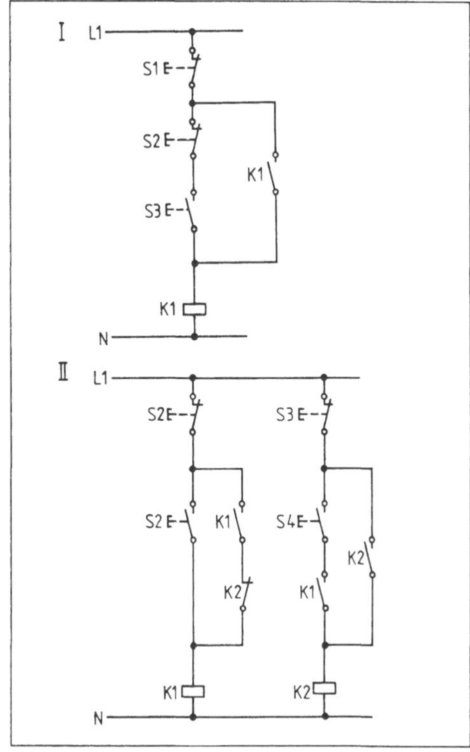

Anlage I K1 ist Hilfsschütz.

Anlage II Die Schaltung soll folgende Funktionen erfüllen: K1 läßt sich direkt durch Taster S2 einschalten. Es soll sich aber nur dann über seinen Schließer halten, wenn K2 ausgeschaltet ist. K2 soll sich nur einschalten lassen, wenn K1 bereits angezogen hat. Es soll abfallen, wenn S3 betätigt wird, sich aber selbst halten, auch wenn K1 ausgeschaltet ist.

Aufgabe Beschreiben Sie die Funktion der Anlage I, wenn nacheinander die Taster S3, S2 und S1 betätigt werden. Stellen Sie fest, ob die Anlage II nach der Beschreibung einwandfrei arbeitet.

55. Schützschaltung

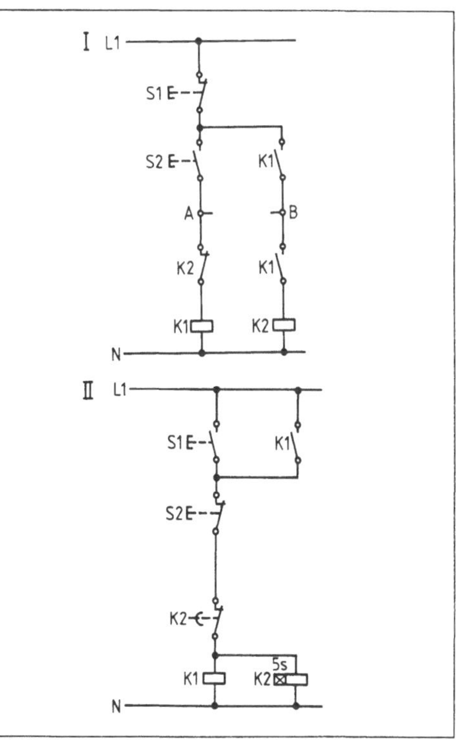

Anlage I Die Anlage soll so arbeiten, daß durch Betätigen von S2 die beiden Schütze K1 und K2 anziehen und sich selbst halten.

Anlage II Funktionsbeschreibung: Wird S1 betätigt, zieht K1 an. Es hält sich selbst über seinen Schließer. Wird S2 betätigt, fällt K1 nach 5 s ab.

Aufgabe Stellen Sie fest, ob die Anlage I

- so richtig arbeitet.
- nur arbeitet, wenn zwischen *A* und *B* eine leitende Verbindung hergestellt wird.
- nur dann richtig arbeitet, wenn noch eine Änderung vorgenommen wird. (Welche?)

Kontrollieren Sie die Funktionsbeschreibung der Anlage II und korrigieren Sie gegebenenfalls.

56. Schützschaltung

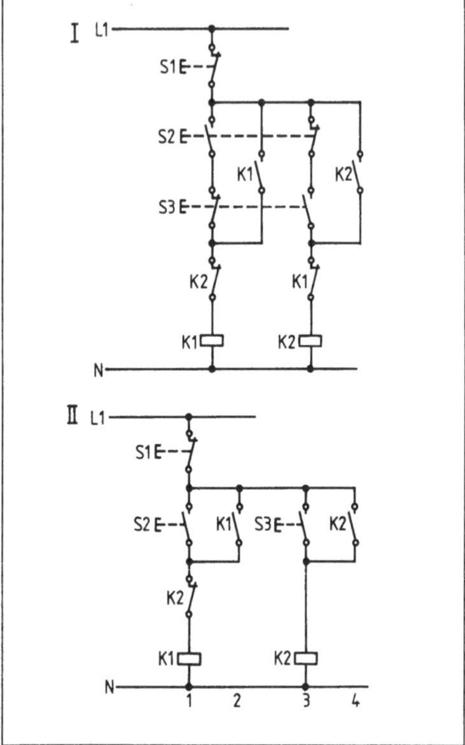

Anlage I Funktionsbeschreibung: Wenn K1 durch Betätigen von S2 angezogen hat, hält es sich selbst, kann aber durch Betätigen von S3 ausgeschaltet werden. Hat K2 durch Betätigung von S3 angezogen, hält es sich selbst, kann aber mit S2 abgeschaltet werden.

Anlage II K1 und K2 sollen so gegeneinander verriegelt werden, daß bei Betätigung der Taster jeweils nur ein Schütz anziehen kann.

Aufgabe Sind Sie mit der Funktionsbeschreibung der Anlage I einverstanden? Wenn nicht, schlagen Sie eine Änderung vor, um die Funktion zu erreichen.
Welches Bauteil fehlt in der Anlage II? Wo muß es angebracht werden? Was passiert, wenn S2 und S3 gleichzeitig betätigt werden?

57. Schützschaltung

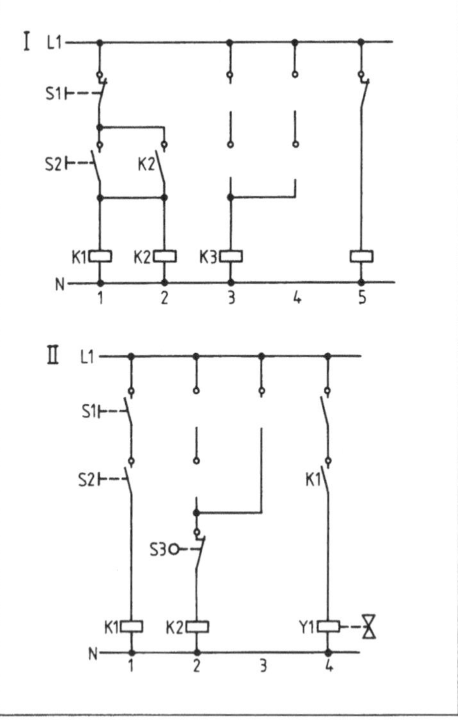

Anlage I Sicherheitsschaltungen sollen Menschen und Geräte vor Schaden bewahren. Die Sicherheitsschaltung I soll den Stromkreis unterbrechen (z. B. über einen Leistungsschalter), wenn ein Schütz „hängt". Hängt K1, soll Strompfad 3, hängt K2, soll Strompfad 4 geschlossen werden. Bei beiden geschlossenen Strompfaden sollen K3 abschalten und der Hauptschalter die gesamte Anlage ausschalten.

Anlage II Wenn bei einer „Zweihandsteuerung" (z. B. Stanze) ein Taster blokkiert, besteht für den Bedienenden höchste Gefahr. Wenn von den beiden Tastern S1 und S2 einer blockiert, soll daher K2 nur so lange eingeschaltet bleiben, bis Grenztaster S3 den Stromweg 2 unterbricht. Das Magnetventil schaltet dann ab.

Aufgabe Ergänzen Sie in beiden Anlagen die erforderlichen Hilfskontakte und prüfen Sie die beschriebene Wirkungsweise. Stellen Sie fest, ob sich die Anlage II ohne Fehlerbehebung (Tasterblockade) wieder einschalten läßt.

5.4 Schaltungen mit Halbleiterbauelementen

58. Kennlinien eines Kaltleiters

Ein Hersteller gibt für einen Kaltleiter bei $\vartheta_u = 25\,°C$ diese I/U-Kennlinie an.

Aufgabe Entnehmen Sie der Kennlinie für 5 V, 10 V, 20 V, 30 V ... 100 V die entsprechenden Stromstärken, ermitteln Sie daraus den jeweiligen Widerstand und stellen Sie die drei Werte in einer Tabelle zusammen.

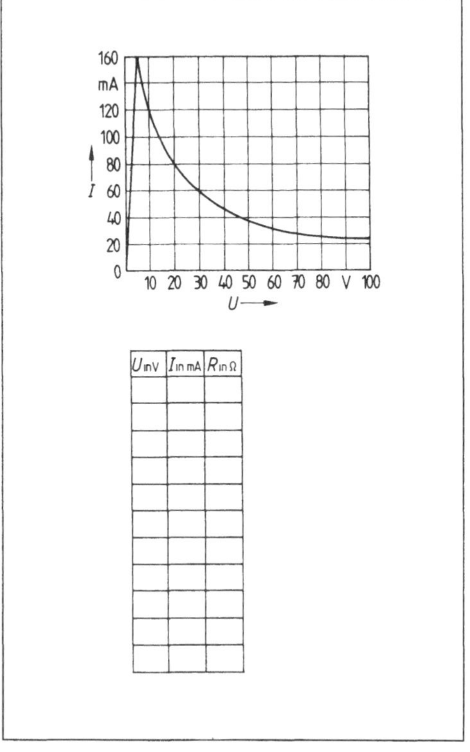

59. Kaltleiterkennlinie

Zur Kennlinienaufnahme wird ein Kaltleiter an eine konstante Spannung 10 V angeschlossen und die Stromaufnahme gemessen. Das Meßprotokoll zeigt die Abhängigkeit der Stromaufnahme von der Temperatur des Kaltleiters

Aufgabe Zeichnen Sie die Kennlinie des Kaltleiters ($R = f(\vartheta)$) im logarithmischen Maßstab.

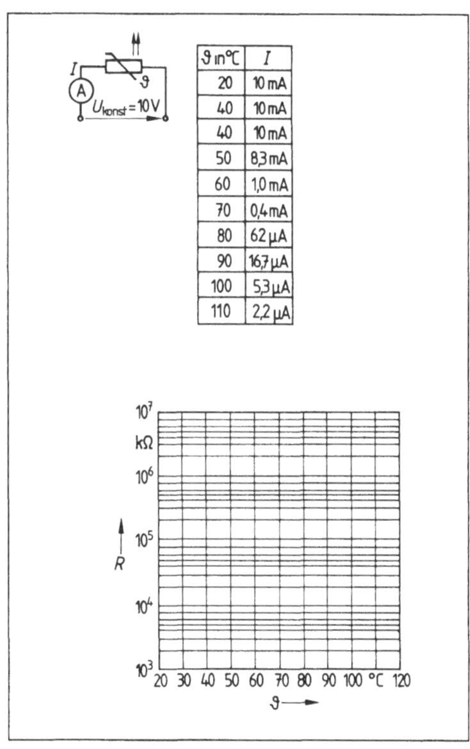

ϑ in °C	I
20	10 mA
40	10 mA
40	10 mA
50	8,3 mA
60	1,0 mA
70	0,4 mA
80	62 µA
90	16,7 µA
100	5,3 µA
110	2,2 µA

60. Reihenschaltung Kaltleiter - Widerstand

Mit der Transistorschaltung kann man z. B. Elektromotoren vor zu großer Erwärmung schützen, indem das Relais den Steuerstromkreis unterbricht. Der Kaltleiter wird in der Nähe der Wicklung angebracht.

Aufgabe a) Wozu dienen die beiden Dioden V1 und V2?

b) Wie nennt man die Reihenschaltung aus Kaltleiter und Widerstand?

c) Hier ist $R = 67\ \Omega$. Bestimmen Sie grafisch die Arbeitspunkte und erläutern Sie das Ergebnis.

d) Was ändert sich, wenn für R ein Widerstand mit 50 Ω eingesetzt wird?

e) Was könnte getan werden, um einen Arbeitspunkt stabil zu halten?

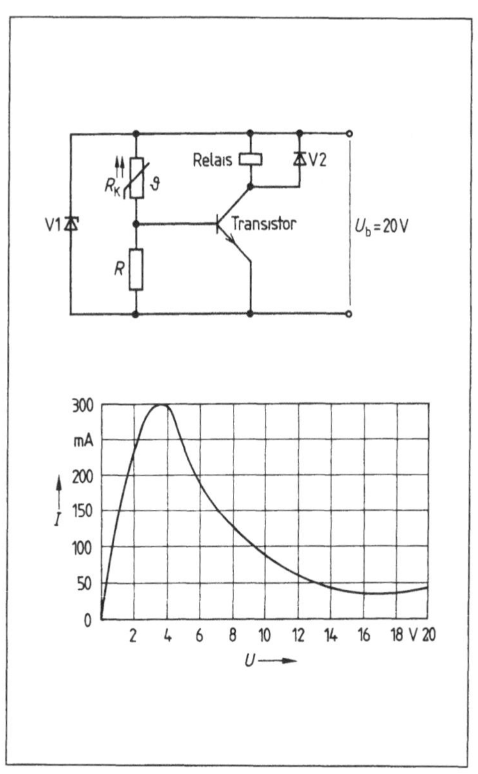

61. Reihenschaltung Heißleiter - Widerstand

Heißleiter R_H und Widerstand R in Reihe geschaltet. Die R/ϑ-Kennlinie ist gegeben.

Aufgabe a) Zeichnen Sie in das Diagramm die Widerstandsgerade für $R_1 = 50\ \Omega$, $R_2 = 150\ \Omega$ und $R_3 = 250\ \Omega$.

b) Stellen Sie fest, bei welchen Temperaturen der Widerstandswert des Heißleiters gleich den drei Widerständen ist.

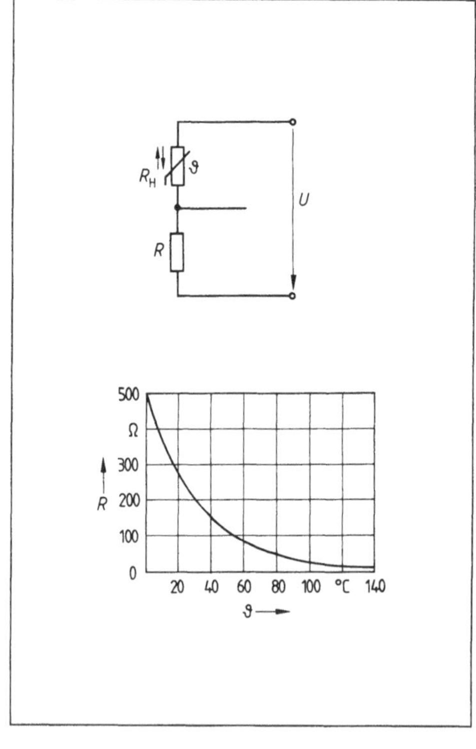

62. Parallelschaltung Heißleiter – Widerstand

Der nichtlineare Kennlinienverlauf eines Heißleiters läßt sich durch Parallelschalten eines konstanten Widerstands weitgehend linearisieren. Das Verfahren wird oft angewendet, wenn Heißleiter für Temperaturmessungen eingesetzt werden.

Aufgabe Ermitteln Sie grafisch den „linearisierten" Kennlinienverlauf für den Temperaturbereich 0° bis 100 °C, wenn zu dem Heißleiter R_H ein Widerstand $R = 250\ \Omega$ parallelgeschaltet wird.

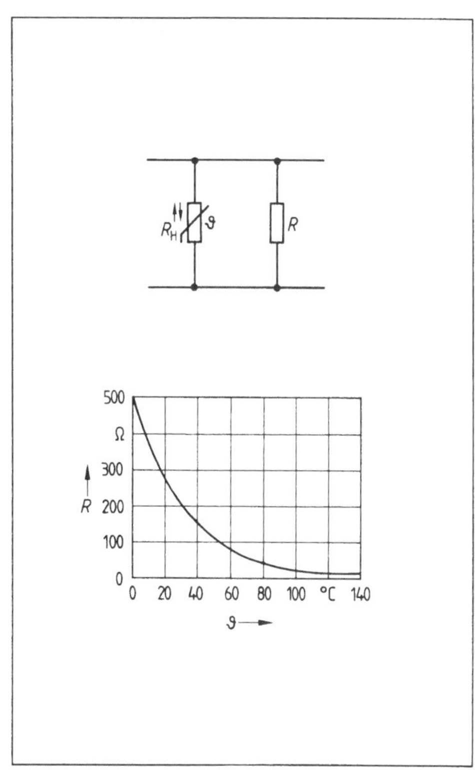

63. Spannungsstabilisierung mit Heißleiter

Die Spannung U_A (Ausgangsspannung) am Widerstand R soll mittels einer Reihenschaltung aus dem Heißleiter R_H und dem linearen Widerstand R stabilisiert werden. Die U/I-Kennlinie des Heißleiters ist gegeben, R beträgt 710 Ω.

Aufgabe Zeichnen Sie die Widerstandsgerade in das Diagramm, ermitteln Sie den Verlauf von U_A und geben Sie den ungefähren Stabilisierungsbereich an.

Hinweis Der Widerstand R_v bleibt unberücksichtigt.

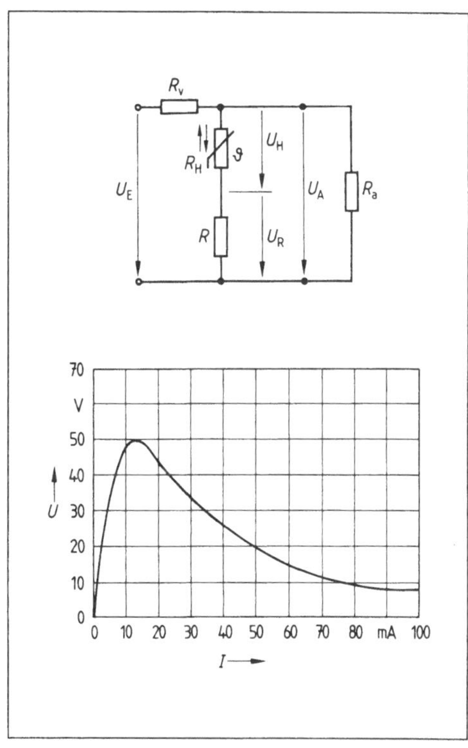

64. Varistorkennlinie

Die Meßschaltung wird angewendet, um die I/U-Kennlinie eines Varistors zu ermitteln. Die Messung ergab die in der Tabelle erfaßten Werte.

U_2 in V	0	1	2	3	4	5	6	7	8	9	10
I in mA	0	1	2,5	5	9	15	22	32	47	66	100

Aufgabe Zeichnen Sie die Kennlinie für die Maßstäbe 10 mA = 1 cm und 1 V ≙ 1 cm.

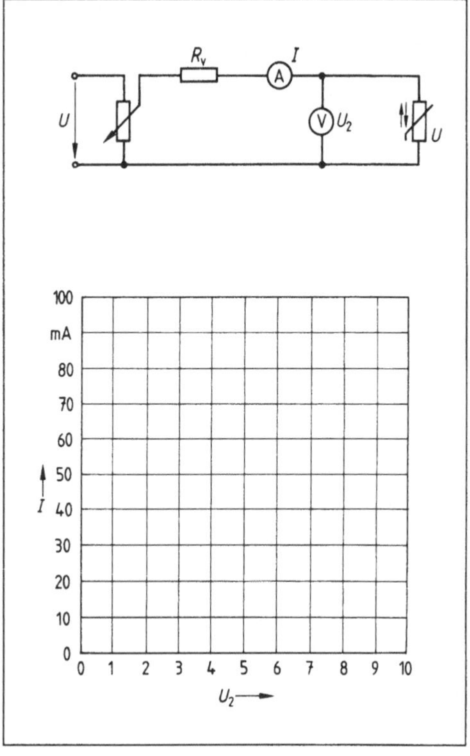

65. Reihenschaltung Varistor – Widerstand

Ein Varistor ist mit einem Vorwiderstand R = 125 Ω in Reihe an 10 V angeschlossen.

Aufgabe Bestimmen Sie grafisch die Stromaufnahme und die Teilspannungen. Verwenden Sie Ihre selbst erstellte Kennlinie für den Varistor aus Aufgabe 64. Welchen Widerstandswert muß R haben, damit sich die Spannung 10 V je zur Hälfte auf den Varistor und den Widerstand aufteilt?

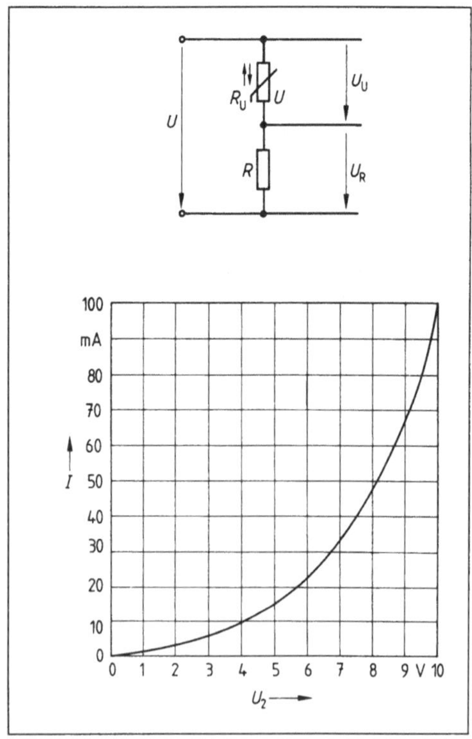

66. Reihenschaltung Fotowiderstand – Widerstand

Der Basisspannungsteiler zum Ansteuern eines Transistors besteht aus einem Fotowiderstand R_F und einem Widerstand R = 1 kΩ. Die R_F-Kennlinie ist gegeben.

Aufgabe a) Ermitteln Sie den Spannungsfall an R_F bei der Beleuchtungsstärke 100 lx.

b) Bei welcher Beleuchtungsstärke sind die Spannungen an R_F und R gleich?

c) Schaltet der Transistor bei geringer oder großer Beleuchtungsstärke? Begründen Sie Ihre Antwort.

d) Was ändert sich in der Funktion, wenn R_F und R im Spannungsteiler gegeneinander vertauscht werden?

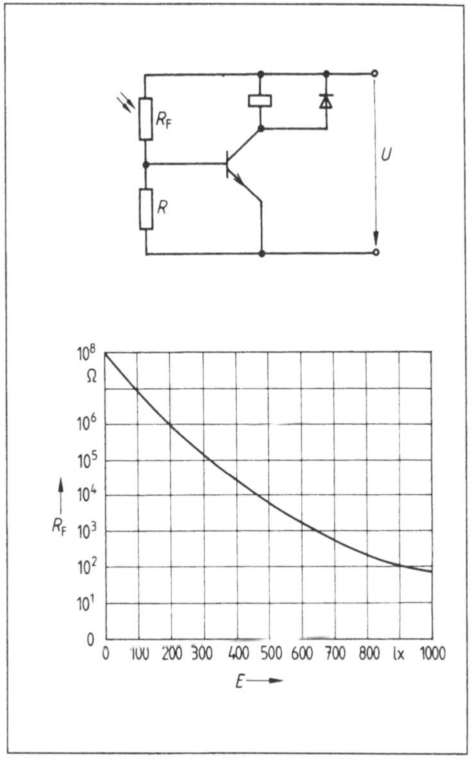

67. Diodenkennlinien

Die Meßschaltung dient zum Aufnehmen einer Diodenkennlinie in Durchlaßrichtung.

Aufgabe Zeichnen Sie die Meßschaltung und nehmen Sie die Kennlinie auf.

Eine Meßschaltung wie oben ergab für eine Diode in Durchlaßrichtung die angegebenen Werte.

Aufgabe Zeichnen Sie die Kennlinie der Diode in den Maßstäben 1 V ≙ 10 cm und 100 mA ≙ 5 cm.

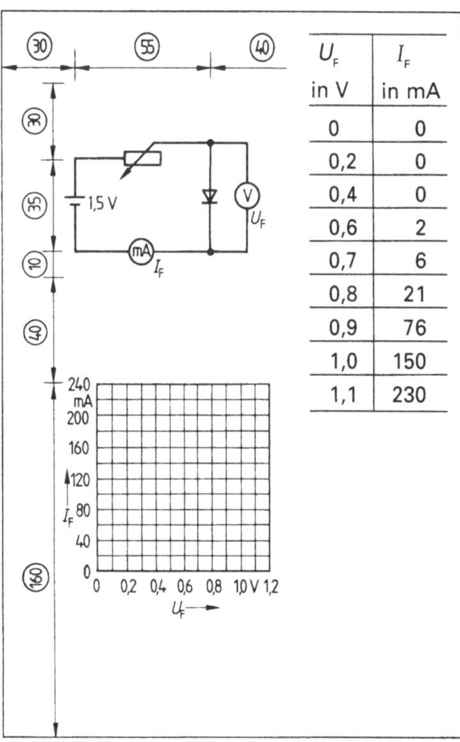

U_F in V	I_F in mA
0	0
0,2	0
0,4	0
0,6	2
0,7	6
0,8	21
0,9	76
1,0	150
1,1	230

68. Reihenschaltung Diode – Widerstand

Schaltung einer Diode in Durchlaßrichtung. Damit die Diode nicht von einem zu großen durchfließenden Strom zerstört wird, ist der Betrieb nur über einen Vorwiderstand R_v möglich. Die Spannung U teilt sich auf in U_v und U_F. In der Schaltung hat R_v = 33,3 Ω, die Betriebsspannung ist mit 6 V angegeben.

Aufgabe a) Ermitteln Sie zeichnerisch die Teilspannungen U_v und U_F. Verwenden Sie als Diodenkennlinie Ihre angefertigte Zeichnung aus Aufgabe 67.

b) Auf welchen Wert ändern sich die Teilspannungen, wenn der Vorwiderstand 100 Ω beträgt?

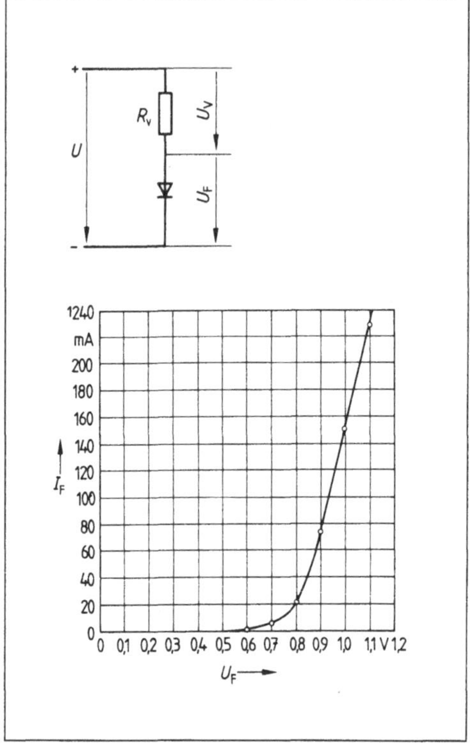

69. Reihenschaltung Diode – Lampe

Mit einer Diode (als Kennlinie verwenden Sie Ihre Zeichnung aus Aufgabe 67) ist eine Meldeleuchte für 5 V/1 W in Reihe geschaltet.

Aufgabe a) Bestimmen Sie grafisch den Arbeitspunkt AP der Schaltung für die Betriebsspannung 6 V und ermitteln Sie die Teilspannungen für die Meldeleuchte und die Diode.

b) Auf welche Werte ändern sich die Teilspannungen, wenn eine Meldeleuchte mit 5 V/0,5 W verwendet wird?

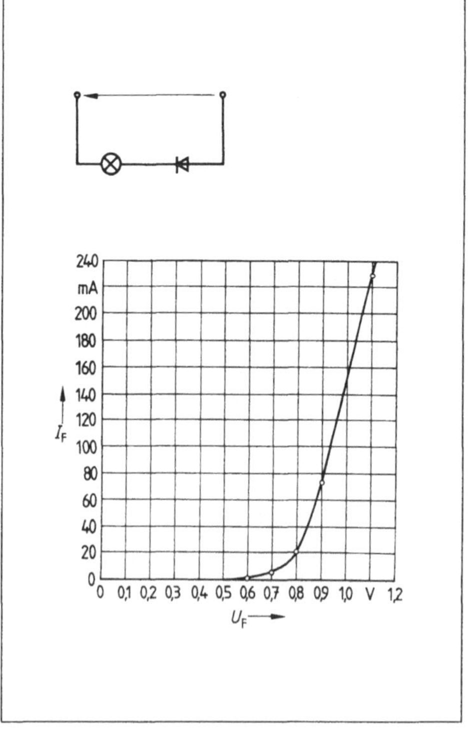

70. Meßwertaufnahme

Mit dieser Schaltung sollen von einem Transistor Meßwerte aufgenommen werden, um die Ausgangskennlinien zu zeichnen.

Aufgabe Ergänzen Sie in der Schaltung die erforderlichen Meßgeräte:

- Strommesser zum Messen des Basisstroms I_B,
- Strommesser zum Messen des Kollektorstroms I_C,
- Spannungsmesser zum Messen der Basis-Emitter-Spannung U_{BE},
- Spannungsmesser zum Messen der Kollektor-Emitter-Spannung U_{CE}.

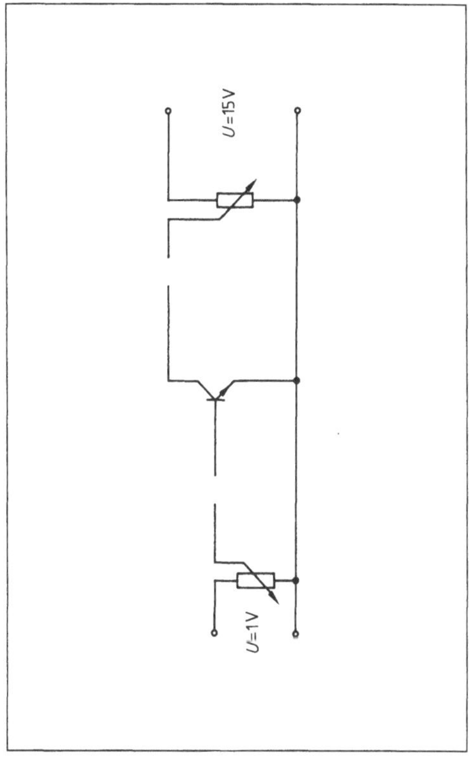

71. Transistor-Kennlinienfeld

Mit der Meßschaltung aus Aufgabe 70 wurden diese Werte aufgenommen:

U_{CE} = 2 V

I_B in µA	I_C in mA
50	16
100	27
150	37
200	48
250	57
300	66
350	73
400	79
450	83

U_{CE} = 6 V

I_B in µA	I_C in mA
50	18
100	32
150	42
200	53
250	63
300	73
350	82
400	90
450	97

U_{CE} = 12 V

I_B in µA	I_C in mA
50	19
100	33
150	46
200	58
250	71
300	83
350	95
400	105
450	120

U_{CE} = 20 V

I_B in µA	I_C in mA
50	19
100	36
150	52
200	67
250	82
300	95
350	113
–	–
–	–

Aufgabe Zeichnen Sie das Ausgangskennlinienfeld des Transistors. Verwenden sie diese Maßstäbe: U_{CE} = 2 V ≙ 10 mm, I_C = 10 mA ≙ 10 mm.

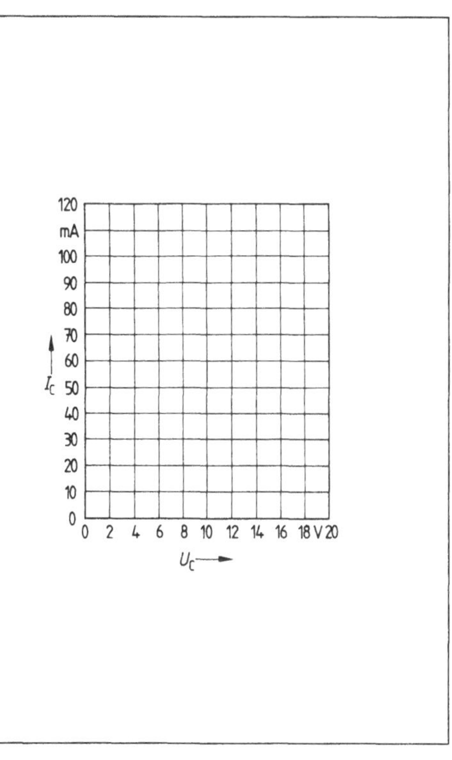

5.5 Schaltungen zur digitalen Steuerungstechnik

72.

Die Relaisschaltung I hat die Eingänge E1 und E2 und die Ausgänge A1, A2 und A3. 1-Signal an E1 bewirkt 1-Signal an A1; 1-Signal an E2 bewirkt 1-Signal an A2. Sind an beiden Eingängen 1-Signale vorhanden, ergibt sich zusätzlich 1-Signal an A3.

Die Relaisschaltung II hat die Eingänge E1 und E2 und die Ausgänge A1 und A2. Wie die Funktionstabelle zeigt, bewirkt 1-Signal an E1 ein 1-Signal an A1, ein 1-Signal an E2 ein 1-Signal an A2. Liegt an beiden Eingängen 1-Signal, ergibt sich für beide Ausgänge 0-Signal.

Aufgabe Zeichnen Sie beide Schaltungen als Stromlaufplan entsprechend der Funktionsbeschreibung und der Funktionstabelle (Wahrheits- oder Arbeitstabelle).

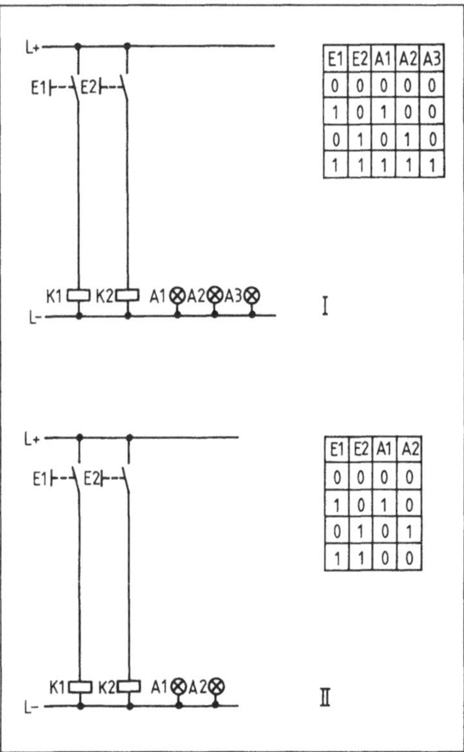

E1	E2	A1	A2	A3
0	0	0	0	0
1	0	1	0	0
0	1	0	1	0
1	1	1	1	1

E1	E2	A1	A2
0	0	0	0
1	0	1	0
0	1	0	1
1	1	0	0

73.

Die Relaisschaltung I hat zwei Eingänge und drei Ausgänge. Wird auf E1 und 1-Signal gegeben, erscheint am Ausgang A1 ebenfalls ein 1-Signal. Entsprechendes gilt für E2 und A2. 1-Signal an beiden Eingängen bewirkt 0-Signal an A1 und A2 und 1-Signal an A3.

Die Relaisschaltung II hat zwei Eingänge und einen Ausgang. Am Ausgang erscheint 1-Signal, wenn an E1 und E2 entweder jeweils 0-Signale oder 1-Signal liegen (Äquivalenzschaltung).

Aufgabe Zeichnen Sie beide Schaltungen entsprechend der Funktionstabelle bzw. der Beschreibung als Stromlaufplan.

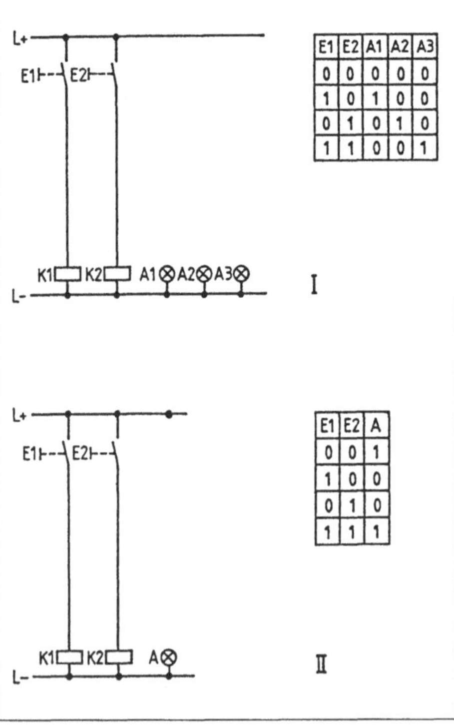

E1	E2	A1	A2	A3
0	0	0	0	0
1	0	1	0	0
0	1	0	1	0
1	1	0	0	1

E1	E2	A
0	0	1
1	0	0
0	1	0
1	1	1

74.

Die dargestellten Schaltungen I und II haben jeweils zwei Eingänge (E1 und E2) und zwei Ausgänge (A1 und A2).

Aufgabe Ergänzen Sie zu beiden Schaltungen die Funktionstabelle in den Spalten A1 und A2.

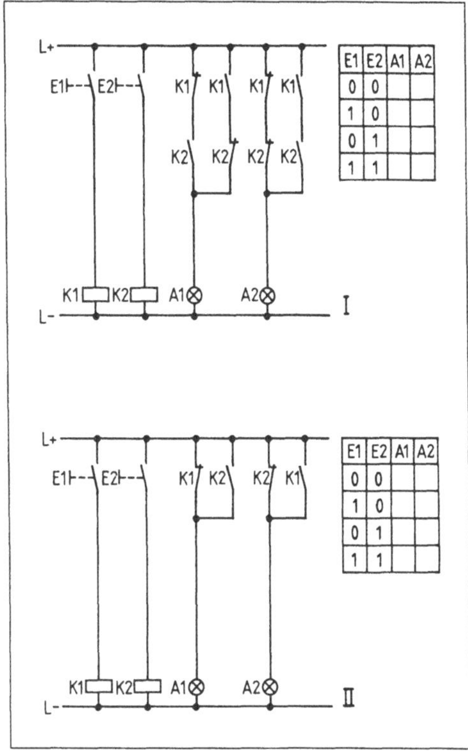

75.

Beide Schaltungen haben zwei Eingänge (E1 und E2) und zwei Ausgänge (A1 und A2).

Aufgabe Vervollständigen Sie jeweils die Funktionstabelle und stellen Sie für beide Schaltungen die Zeitablaufdiagramme für A1 und A3 auf.

Beachten Sie Wird auf ein NOR-Glied gleichzeitigg ein 0- und ein 1-Signal gegeben, überwiegt in der Regel das 1-Signal.

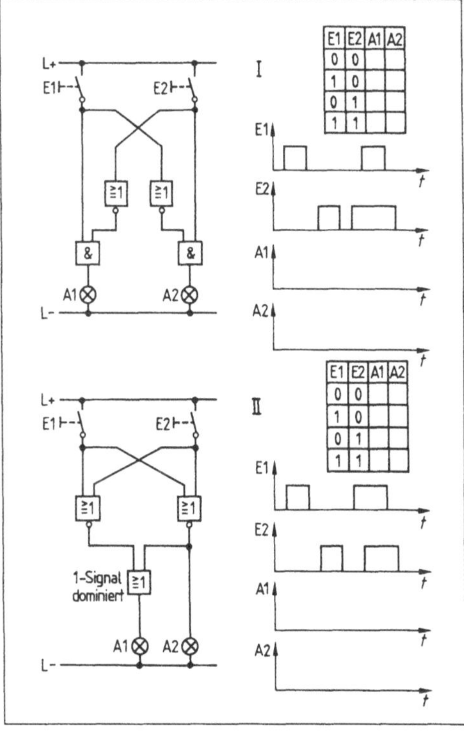

76.

Die vollständig dargestellte Schaltung I hat die Eingänge E1 und E2 sowie die Ausgänge A1 und A2.

Die beiden Schaltungen II haben die Eingänge E1 und E2 sowie den Ausgang A.

Aufgabe a) Vervollständigen Sie die Funktionstabelle und die Zeitablaufdiagramme für A1 und A2 in der Schaltung I.

b) Vervollständigen Sie in der Schaltung II zunächst die Funktionstabelle entsprechend der links dargestellten (vollständigen) Schaltung, dann rechts die zweite Schaltung mit ebenfalls zwei logischen Schaltungsgliedern, das die gleiche Funktion ergibt wie die linke Schaltung. Ergänzen Sie außerdem das Zeitablaufdiagramm.

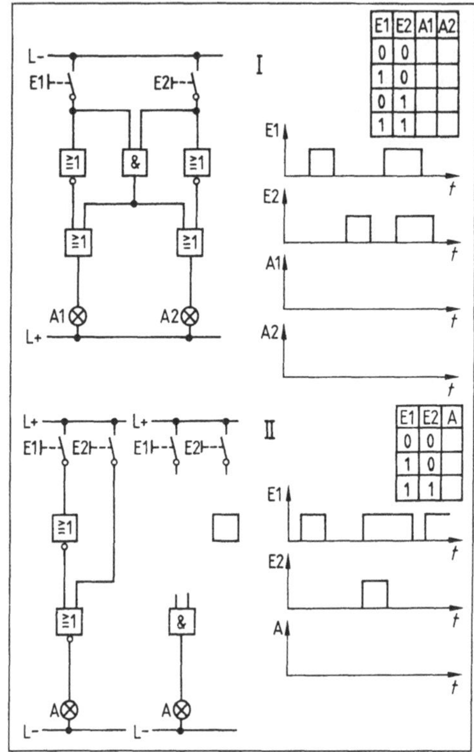

E1	E2	A1	A2
0	0		
1	0		
0	1		
1	1		

E1	E2	A
0	0	
1	0	
1	1	

77.

Die vollständig dargestellte linke Schaltung hat die Eingänge E1 und E2 und den Ausgang A.

Aufgabe Vervollständigen Sie zunächst die Funktionstabelle und das Zeitablaufdiagramm. Entwickeln Sie dann mit den drei angegebenen Baugliedern (zwei UND- und ein ODER-Glied) eine Schaltung mit der gleichen Wirkungsweise, wie sie die linke Schaltung ergibt.

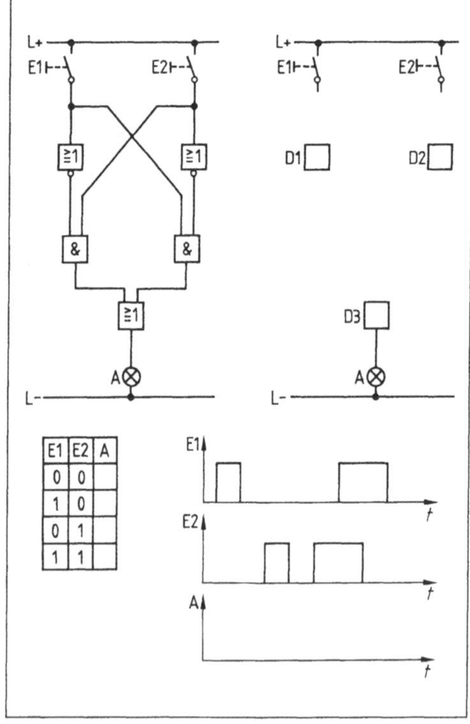

E1	E2	A
0	0	
1	0	
0	1	
1	1	

78.

Die vollständig dargestellte Schaltung hat zwei Eingänge E1 und E2 und drei Ausgänge A1, A2, und A3. Das Bauglied D2 hat zwei Ausgänge, von denen der eine „negiert" ist. (Diese und andere Schaltungen sollten rein „symbolisch" gelesen werden.)

Aufgabe Vervollständigen Sie die Funktionstabelle und die Zeitablaufdiagramme für die Ausgänge A1, A2 und A3.

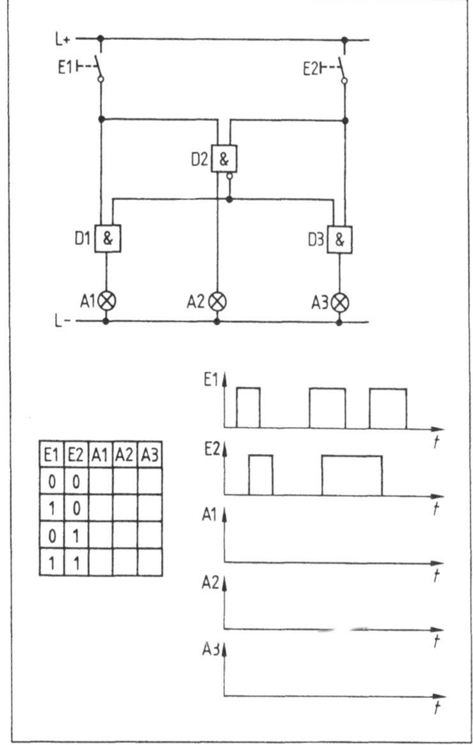

E1	E2	A1	A2	A3
0	0			
1	0			
0	1			
1	1			

79.

Mit der Schaltung I läßt sich eine UND-Funktion, mit Schaltung II eine ODER-Funktion realisieren.

Aufgabe Beschreiben Sie jeweils die Wirkungsweise.

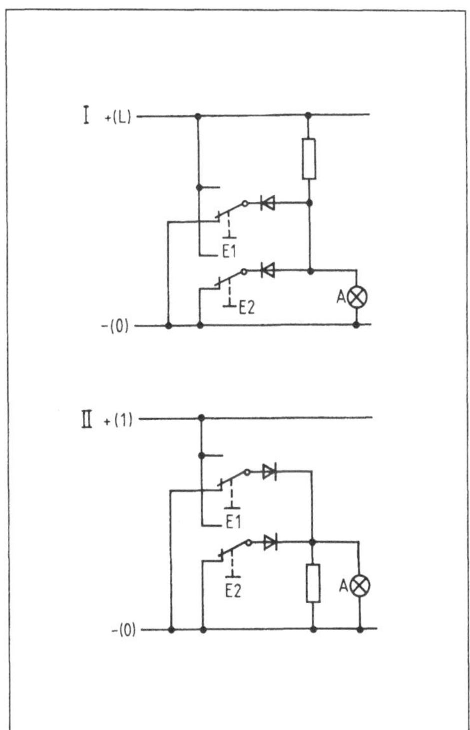

80.

Die Schaltung I realisiert mit einem Transistor eine NICHT-Funktion, Schaltung II eine NOR-Funktion.

Aufgabe Beschreiben Sie jeweils die Wirkungsweise.

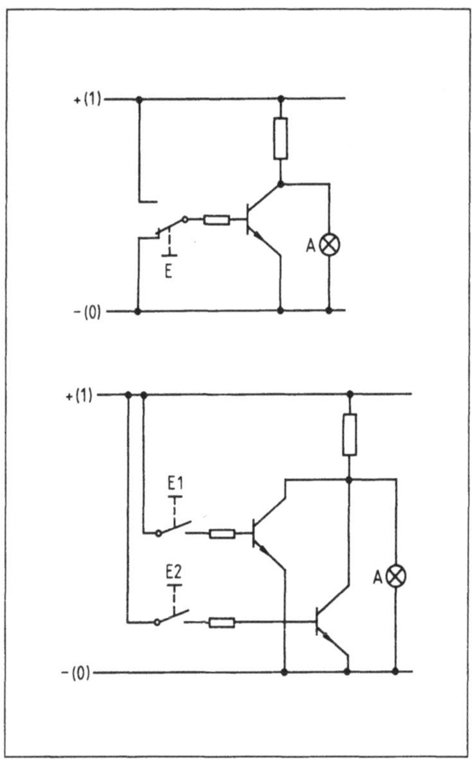

81.

Diese Schaltung erfüllt die Bedingungen einer NAND-Funktion.

Aufgabe Beschreiben Sie die Wirkungsweise.

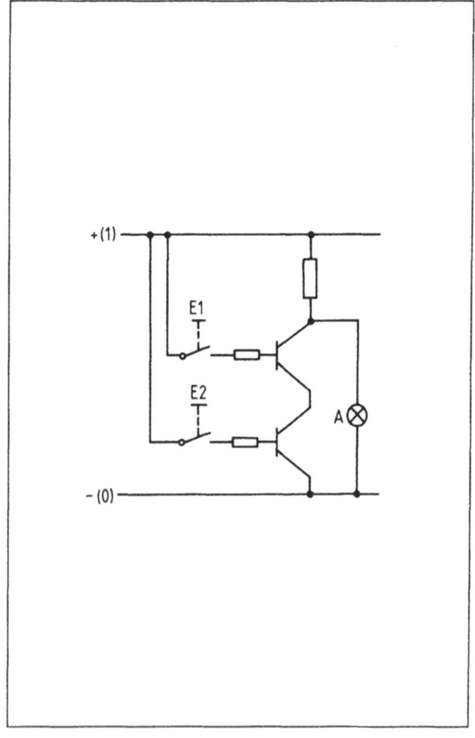

5.6 Speicherprogrammierte Steuerungen

82.

Ein Relais soll von zwei Stellen aus mit Tastern eingeschaltet werden können (ODER-Verknüpfung). Selbsthaltung ist nicht vorgesehen. Der Stromlaufplan ist gegeben.

Aufgabe Zeichnen Sie für diese einfache Schützschaltung den Funktionsplan (FUP) und Kontaktplan (KOP) und schreiben Sie die Anweisungsliste (AWL).

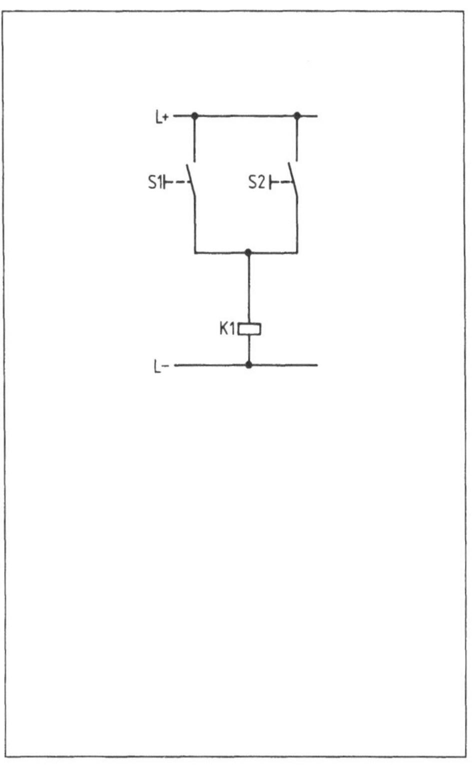

83.

Von einer Steuerschaltung sind der Kontaktplan und die Zuordnungsliste gegeben.

Aufgabe Entwickeln Sie aus dem Kontaktplan den Stromlaufplan der Steuerung und schreiben Sie die Anweisungsliste.

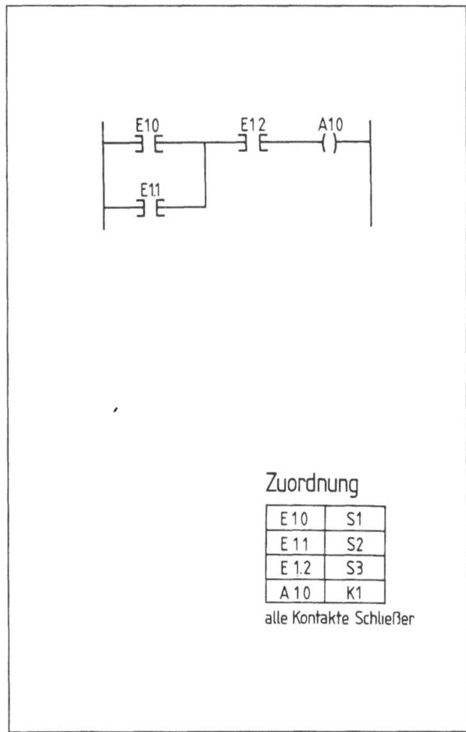

Zuordnung

E 1.0	S1
E 1.1	S2
E 1.2	S3
A 1.0	K1

alle Kontakte Schließer

84.

Eine Steuerung arbeitet nach dem gegebenen Funktionsplan.

Aufgabe Entwickeln Sie daraus den Kontaktplan.

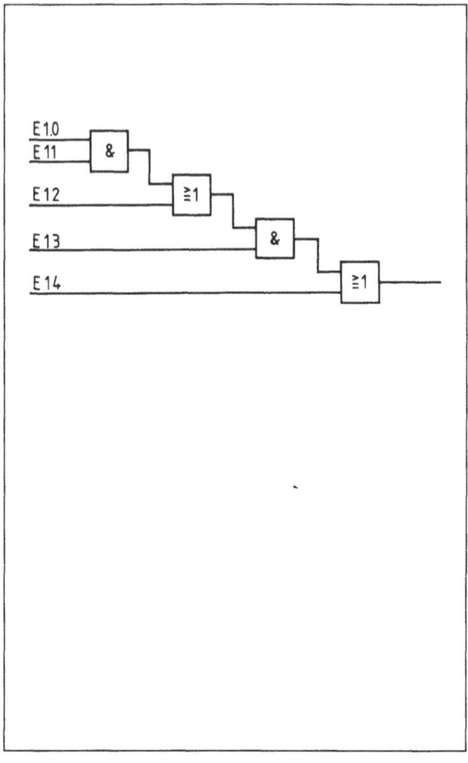

85.

Das Schütz K1 in der Steuerschaltung soll anziehen, wenn der Taster S1 ODER S2 betätigt werden ODER S3 nicht betätigt wird.

Aufgabe Entwerfen Sie zum Stromlaufplan den Kontaktplan und schreiben Sie die Anweisungsliste.

Beachten Sie Taster S3 ist ein Öffner.

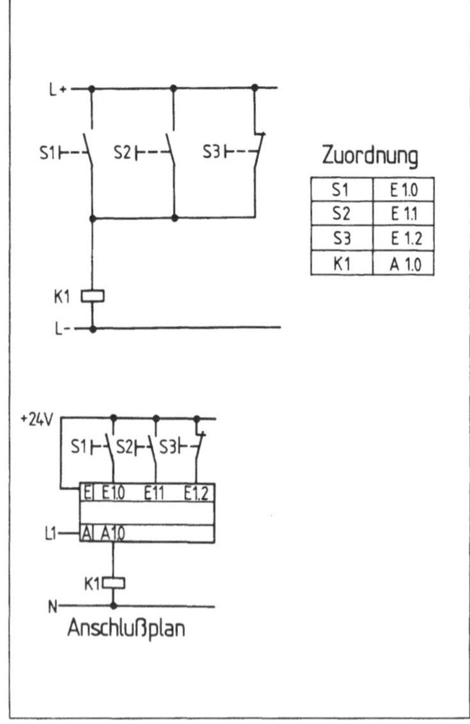

S1	E 1.0
S2	E 1.1
S3	E 1.2
K1	A 1.0

86.

In einer Anlage soll das Schütz K1 anziehen, wenn Taster S1 ODER S2 betätigt werden. Das Schütz K2 zieht zusätzlich an, wenn S3 betätigt wird.

Aufgabe Entwerfen Sie den Funktionsplan und den Kontaktplan, schreiben Sie die Aweisungsliste.

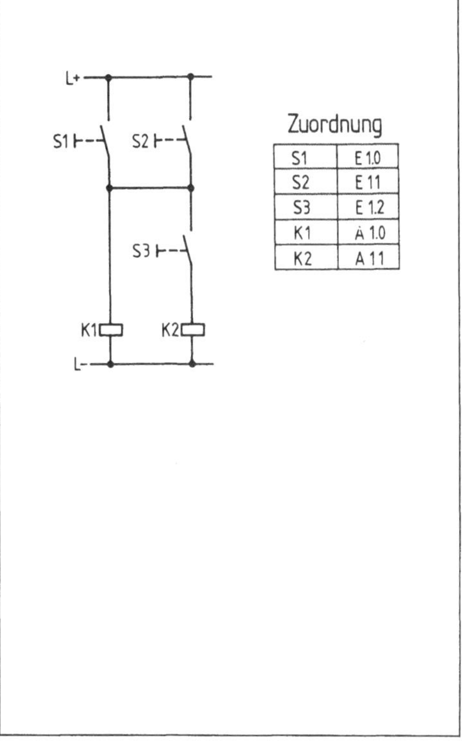

87.

K1 soll anziehen, wenn S1 UND S2 betätigt werden ODER S3 NICHT UND S4 betätigt werden. Es liegen zwei Strompfade je zwei in Reihe geschalteter Schaltglieder vor, so daß mit einem Merker programmiert werden kann.

Aufgabe Schreiben Sie zu dieser Schaltung die Anweisungsliste unter Verwendung von Merkern.

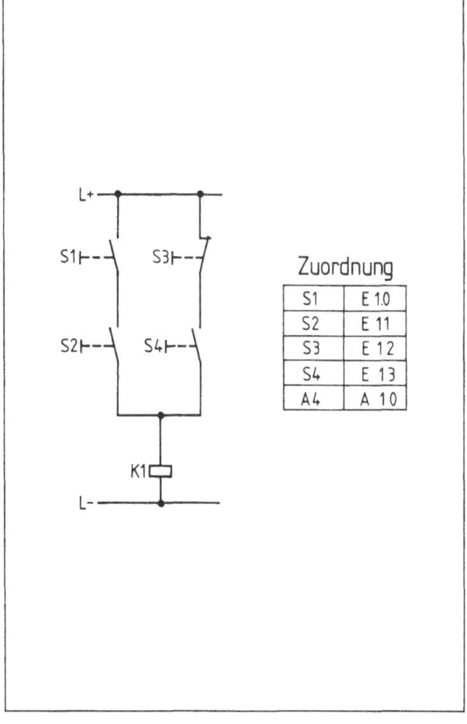

88.

In dieser Anlage zieht K1 an, wenn S1 ODER S2 UND S3 ODER S4 betätigt werden. (Es liegt eine ODER-vor-UND-Verknüpfung vor, die in der Regel mit Merkern zu programmieren ist.)

Aufgabe Entwickeln Sie den Kontaktplan und schreiben Sie die Anweisungsliste.

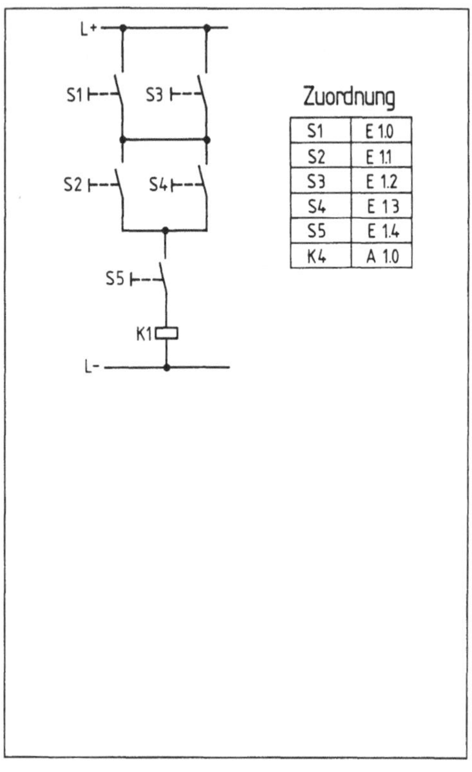

89.

Von dieser Steuerung sind der Kontaktplan und der Anschlußplan bekannt.

Aufgabe a) Entwickeln Sie dazu den Stromlaufplan und beschreiben Sie die Wirkungsweise der Anlage.

b) Was geschieht, wenn S1 und S2 gleichzeitig betätigt werden?

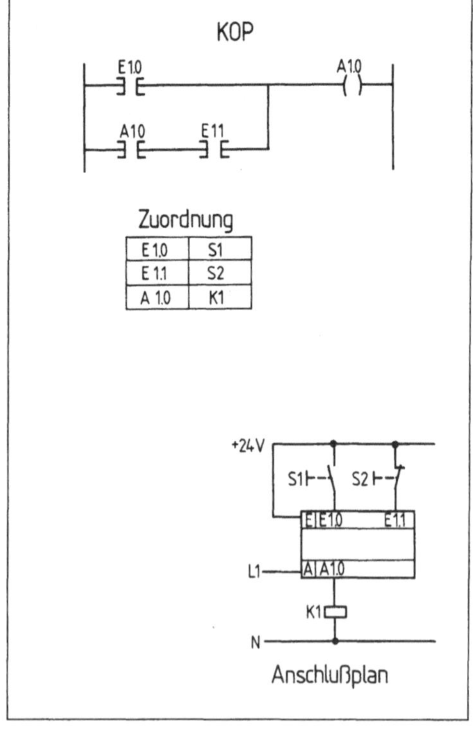

Anschlußplan

90.

Von dieser Steuerungsschaltung sind der Kontaktplan und der Anschlußplan bekannt.

Aufgabe a) Entwickeln Sie dazu den Stromlaufplan und beschreiben Sie die Wirkungsweise der Anlage.

b) Was geschieht, wenn S1 und S2 gleichzeitig betätigt werden?

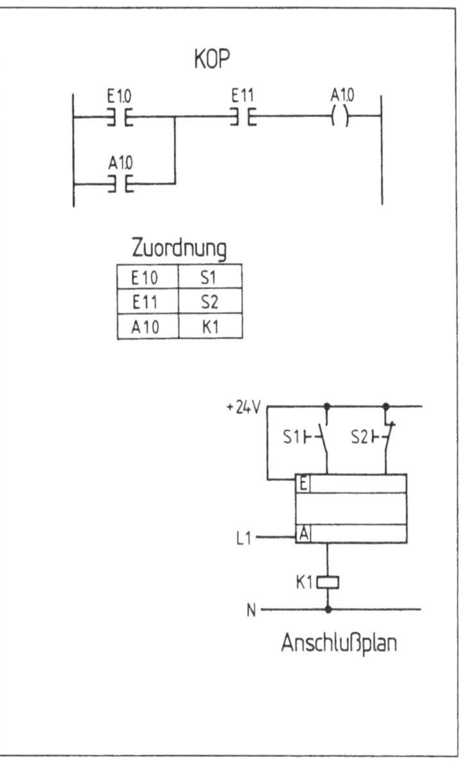

91.

Zuordnungsliste

EINGÄNGE
E 0,0: STEUERUNG EIN
E 0,1: STEUERUNG AUS
E 0,2: THERMISCHER ÜBERSTROMAUSLÖSER

AUSGANG
A 4,0: HAUPTSCHÜTZ

Aufgabe a) Unter welchen Bedingungen führt der Ausgang A 4.0 in diesem SPS-Programm 1-Signal?

b) Analysieren Sie das SPS-Programm auf die von DIN VDE 0113 geforderte Drahtbruchsicherheit einer Steuerung.

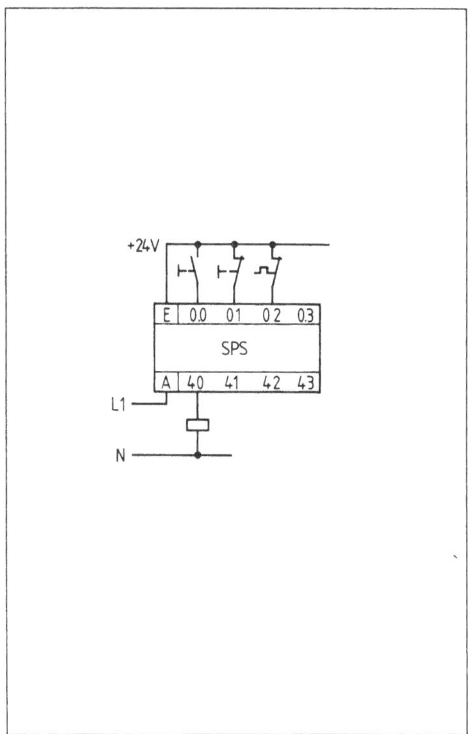

92.

Dieses SPS-Programm in der Darstellungsart „Kontaktplan" ist Teil der Störmeldeerfassung einer Anlage.

Aufgabe a) Unter welchen Bedingungen wird die Signalanzeige mittels Ausgang A 30.0 angesteuert?

b) Schreiben Sie das Programm in die Darstellungsart „Funktionsplan" um.

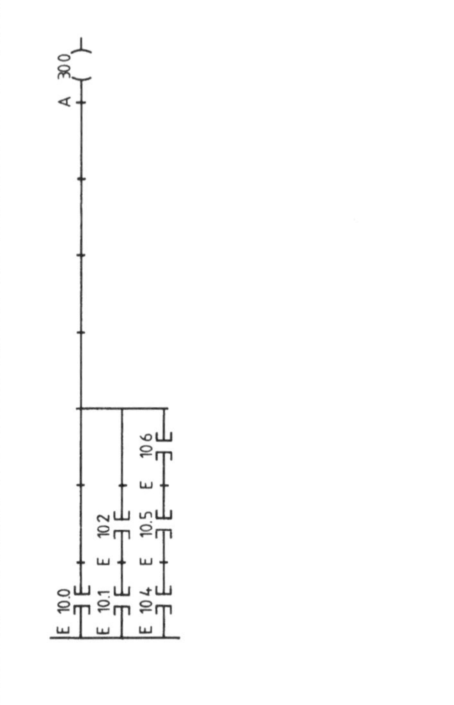

93.

Eine Signalampe soll nur leuchten, wenn Endschalter 1 betätigt wird und der Drehzahlwächter eines Antriebs 0-Signal führt oder wenn der Endschalter 1 nicht betätigt wird (0-Signal) und der Drehzahlwächter 1-Signal liefert.

Aufgaben a) Entwerfen Sie die Zuordnungsliste für ein Automatisierungsgerät, wenn E 1.0 bis 1.7 und A 2.0 bis 2.7 zur Verfügung stehen.

b) Schreiben Sie das SPS-Programm als Anweisungsliste und als Funktionsplan nach DIN 19239.

c) Wie heißt die Schaltung?

94.

Das folgende SPS-Programm in Form einer Anweisungsliste (DIN 19239) dient zum Ansteuern eines Stellantriebs. Der Motorbetrieb wird mittels Leuchtmelder angezeigt.

```
0000  :U   E  0,0
0001  :UN  E  0,1
0002  :U   E  0,2
0003  :U(
0004  :O   E  3,0
0005  :O   E  3,1
0006  :)
0007  :=   A  5,0
0008  :=   A  5,1
0009  :BE
```

Aufgabe a) Schreiben Sie das Programm in die Darstellungsarten Kontaktplan und Funktionsplan um.

b) Erläutern Sie die Funktion der Steuerung.

c) Erstellen Sie eine Zuordnungsliste der gewählten Ein- und Ausgänge.

d) Ergänzen Sie das Anschlußbild des Automatisierungsgeräts.

5.7 Meßgeräte

95.

Zwei Meßgeräte haben den Meßbereich 3 mA. Das eine hat die Klassenzahl 1, das andere 2,5.

Aufgabe Stellen Sie grafisch die zulässige prozentuale Fehlanzeige vom angezeigten Wert dar. Bei welchen Anzeigen beträgt der zulässige Fehler 3 % vom angezeigten Wert?

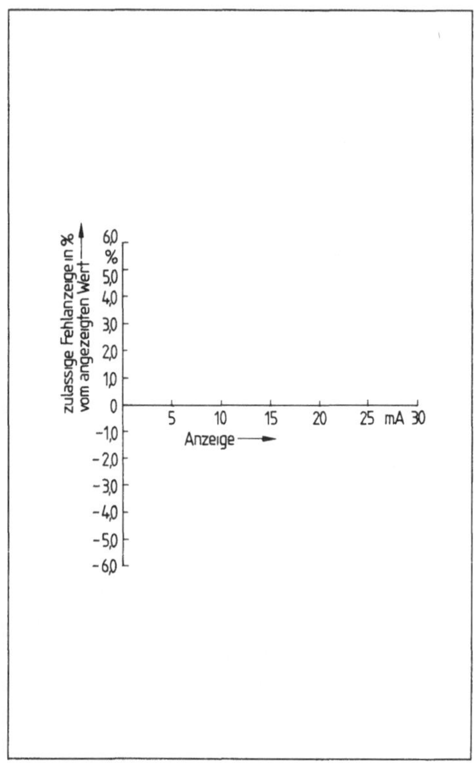

96. „Eichkurve"

Papierformat DIN A 4 in Hochlage

Schaltung Ein Spannungsmesser der Klasse 1,5 soll auf Einhaltung seiner Fehlergrenzen überprüft werden. Es wird mit einem „Eichinstrument" der Klasse 0,1 parallel an eine Spannungsquelle mit veränderbarer Spannung angeschlossen. Es werden die in der Tabelle angegebenen Meßwerte ermittelt.

Aufgabe Berechnen Sie für alle aufgenommenen Werte den prozentualen Anzeigefehler des zu prüfenden Spannungsmessers. Stellen Sie die „Eichkurve" in einem Schaubild dar und prüfen sie, ob die Fehlergrenzen mit ±1,5 % vom Endwert überschritten werden.

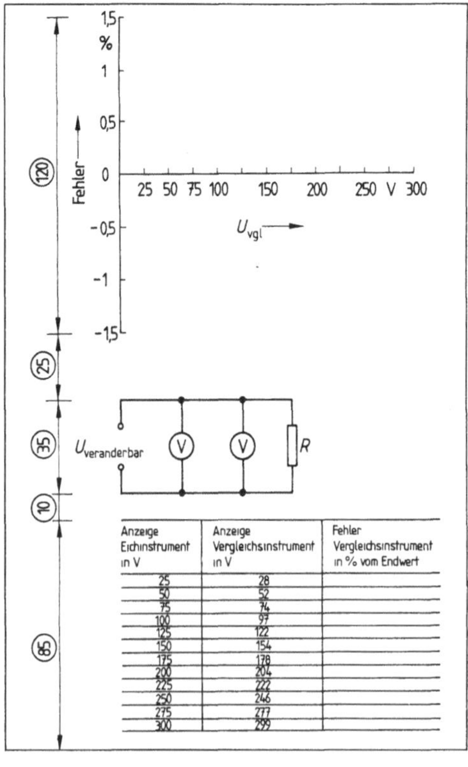

Anzeige Eichinstrument in V	Anzeige Vergleichsinstrument in V	Fehler Vergleichsinstrument in % vom Endwert
25	28	
50	52	
75	74	
100	97	
125	122	
150	154	
175	178	
200	204	
225	222	
250	246	
275	277	
300	299	

97.

Zu einem Strommesser mit $R_i = 0{,}8\ \Omega$ und dem Meßbereich 1,5 A soll ein Widerstand parallelgeschaltet werden, um den Meßbereich auf a) 3 A, b) 6 A zu erhöhen.

Aufgabe Ermitteln Sie zeichnerisch den Widerstandswert des Parallelwiderstands und prüfen Sie das Ergebnis durch Rechnung.

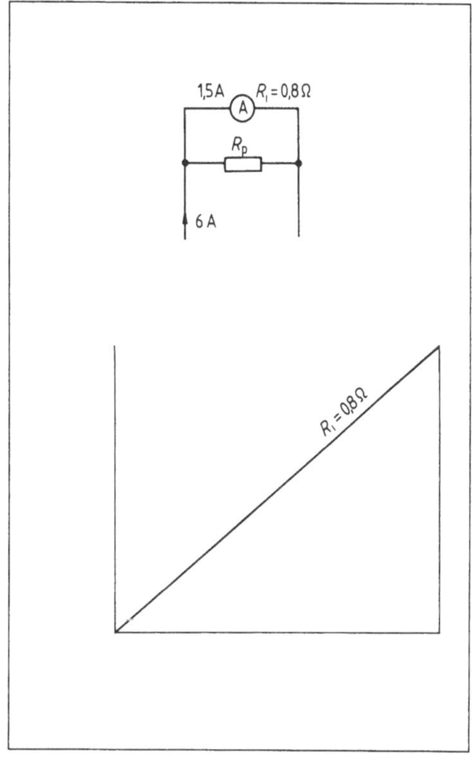

98.

Ein Strommesser hat den Meßbereich 300 mA und den Innenwiderstand 2 Ω. Mit einem Umschalter können die Widerstände R_1, R_2 und R_3 zum Meßwerk parallelgeschaltet werden, um die Meßbereiche 1: 600 mA, 2: 1200 mA und 3: 1500 mA einstellen zu können.

Aufgabe Bestimmen Sie zeichnerisch die Widerstandswerte R_1, R_2 und R_3. Prüfen Sie das Ergebnis durch Rechnung.

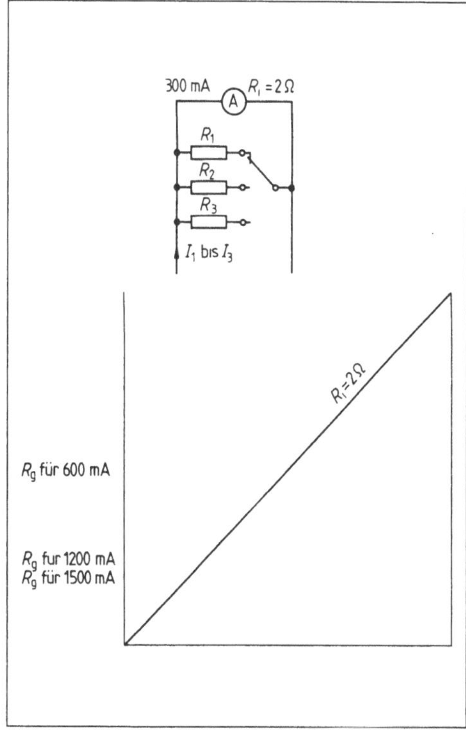

99.

Ein Spannungsmesser mit dem Meßbereich 6 V und dem Innenwiderstand 1 kΩ soll an 15 V angeschlossen werden.

Aufgabe Bestimmen Sie zeichnerisch den Widerstandswert R_v und beschreiben Sie den Lösungsvorgang.

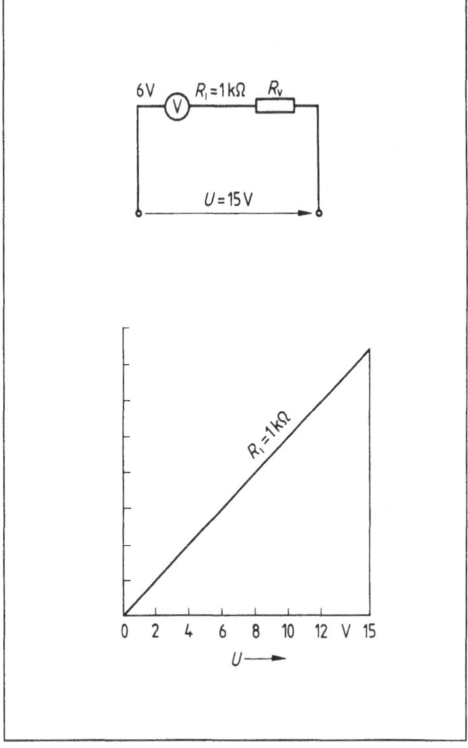

100.

Ein Meßinstrument hat den Meßbereich 3 V und den Innenwiderstand 500 Ω. Mittels eines Umschalters können die Vorwiderstände R_{v1}, R_{v2} und R_{v3} zugeschaltet werden. Die Meßbereiche sollen betragen: 6 V für R_{v1}, 9 V für R_{v2}, 12 V für R_{v3}.

Aufgabe Bestimmen Sie grafisch die Widerstandswerte R_{v1}, R_{v2} und R_{v3}.

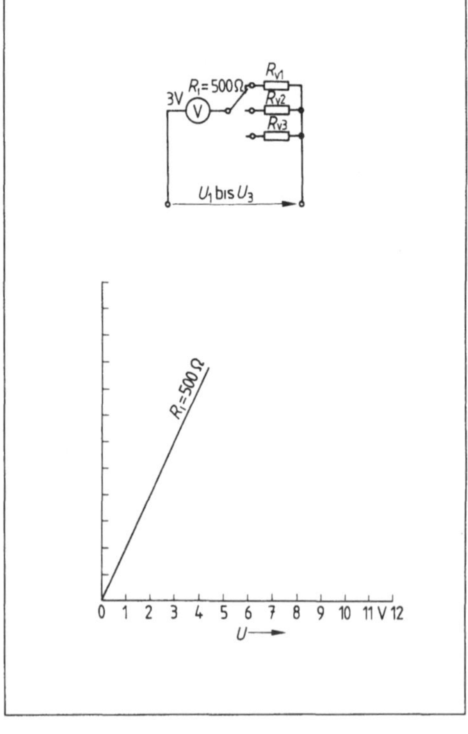

5.8 Flächendiagramme

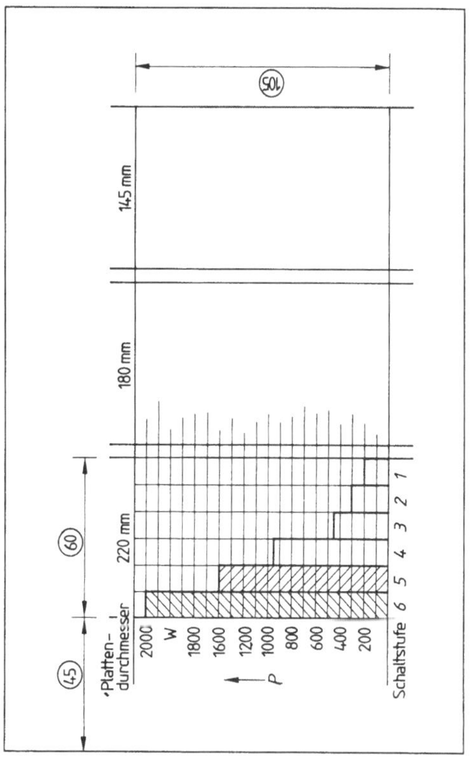

101. Leistungsaufnahme von Kochplatten in Siebentaktschaltung

Papierformat DIN A 4 in Breitlage

Schaltung Bei der Siebentaktschaltung ergeben sich sechs Leistungsstufen. Für die üblichen Plattendurchmesser sind folgende Werte festgelegt:

Plattendurchmesser	220 mm	180 mm	145 mm
Schaltstellung 6	2000 W	1500 W	1000 W
Schaltstellung 5	1400 W	1150 W	760 W
Schaltstellung 4	950 W	800 W	520 W
Schaltstellung 3	450 W	350 W	240 W
Schaltstellung 2	305 W	245 W	165 W
Schaltstellung 1	200 W	145 W	100 W

Aufgabe Stellen Sie diese Leistungsabstufung in einem Flächendiagramm (Säulendiagramm) dar. Zur deutlicheren Abgrenzung sind die einzelnen Säulen wie angedeutet gegenläufig zu schraffieren.

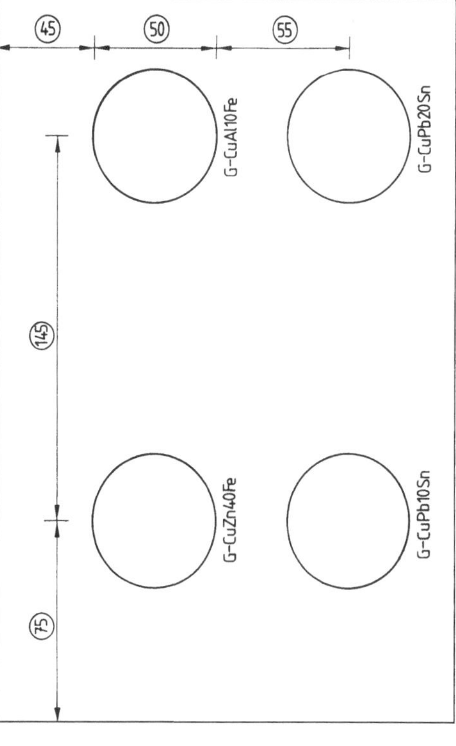

102. Kreisflächendiagramme für Werkstoffe

Papierformat DIN A 4 in Breitlage

Legierungen aus Kupfer mit anderen Metallen werden für unterschiedliche Zwecke verwendet. Einige Legierungen sind in der Tabelle zusammengestellt.

Kurzzeichen	Zusammensetzung	Verwendung
G-CuZn40Fe	60 Cu, 1,2 Fe, 2,5 Mn, 2 Ni, 1 Pb Rest Zn	Ventilsitze, Steuerungsteile, Konstruktionsteile
G-CuAl10Fe	85 Cu, 9,5 Al, 4 FE, Rest Si	Bürstenhalter, Schaltsegmente
G-CuPb10Sn	80 Cu, 10 Pb, 8 Sn, 1,5 Si, Rest Fe	Gleitlager, Walzen, Kolbenbolzen
G-CuPb20Sn	72 Cu, 20 Pb, 4 Sn, 2,5 Ni 0,5 Sb, Rest Fe	Hochbeanspruchte Lager, Pleuellager

Aufgabe Stellen Sie für die vier Werkstoffe jeweils ein Kreisflächendiagramm zusammen (100 % Werkstoff ≙ 360°).

5.9 Magnetisierungskennlinien

103. Magnetisierungskurven

Papierformat DIN A 4 in Breitlage

Aufgabe Übertragen Sie die Tabellenwerte in das vorbereitete Diagramm und zeichnen Sie für die fünf verschiedenen Werkstoffe die Magnetisierungskennlinien.

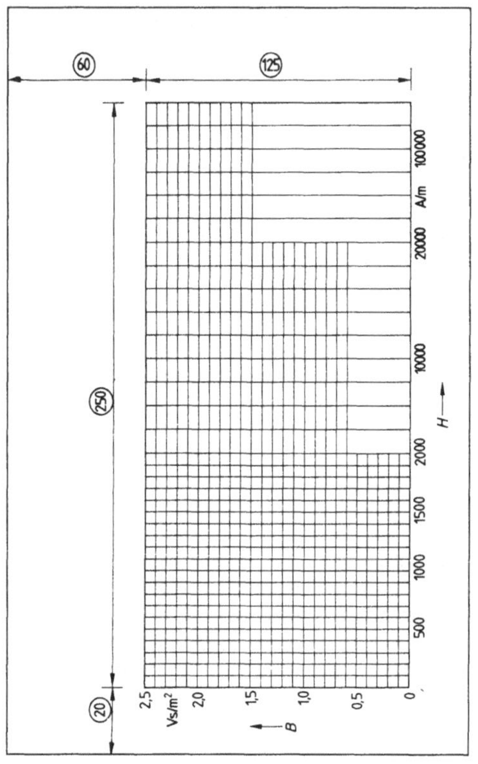

	H in A/m							
	100	200	400	600	800	1000	1200	1400
B in Vs/m2 Gußeisen	0,03	0,05	0,09	0,16	0,23	0,30	0,39	0,46
Elektroblech/Stahl	0,40	0,78	1,10	1,24	1,31	1,36	1,40	1,44
Permenorm 5000 Z	1,50	1,53	1,54			linear bis		
Oriented M 7 X	1,70	1,74	1,76			linear bis		
Vacoflux 50	0,60	0,96	1,46	1,64	1,74	1,82	1,88	1,94
	1600	1800	2000	4000	6000	8000	10000	12000
Gußeisen	0,50	0,55	0,58	0,72	0,83	0,92	0,99	1,05
Elektroblech/Stahl	1,47	1,49	1,50	1,61	1,68	1,71	1,74	
Permenorm 5000 Z			1,60					
Oriented M 7 X			1,84		linear bis		2,00	linear
Vacoflux 50	2,00	2,05	2,10	2,16	2,22	2,26	2,30	2,33
	14000	16000	18000	20000	40000	60000	80000	100000
Gußeisen	1,10	1,14	1,17	1,20				
Elektroblech/Stahl				1,86	2,04	2,12	2,14	2,15
Permenorm 5000 Z								
Oriented M 7 X		bis		2,07				
Vacoflux	2,35	2,37	2,39	2,40	2,44	2,46	2,48	2,50

6 Anhang

6.1 Bezeichnung von Betriebsmitteln in Schaltungsunterlagen

Betriebsmittel werden entsprechend ihrer Eigenschaft in Arten eingeteilt. Für jede Art der Betriebsmittel ist in der Tabelle **6.1** ein Kennbuchstabe festgelegt. Als elektrische Betriebsmittel gelten alle Gegenstände, die als Ganzes oder in einzelnen Teilen dem Anwenden elektrischer Energie dienen.

Die Kennzeichnung eines Betriebsmitteln in Schaltungsunterlagen und/oder am Gerät wird durch eine nach bestimmten Regeln aufgebaute Folge von Buchstaben und/oder Zahlen gebildet (DIN 40719 T 2).

Tabelle **6.1** **Kennbuchstaben zur Kennzeichnung von Betriebsmitteln**

Kennbuchstabe	Art des Betriebsmittels	Beispiele
A	Baugruppen, Teilbaugruppen	Verstärker, Gerätekombinationen, Laser
B	Umsetzer von nichtelektrischen auf elektrische Größen und umgekehrt	Meßumformer, Thermozellen, Mikrofon, Lautsprecher, Drehfeldgeber
C	Kondensatoren	
D	Verzögerungs-, Speichereinrichtungen, binäre Elemente	Verknüpfungsglieder, bistabile Elemente, Kernspeicher, Register
E	Verschiedenes	Beleuchtungs- und Heizeinrichtungen
F	Schutzeinrichtungen	Sicherungen, Schutzrelais, Auslöser
G	Generatoren, Stromversorgungen	Batterien, rotierende Generatoren
H	Meldeeinrichtungen	Optische und akustische Meldegeräte
K	Relais, Schütz	Leistungsschütze, Hilfsschütze, Zeitrelais
L	Induktivitäten	Drosselspulen
M	Motoren	
P	Meßgeräte, Prüfgeräte	Anzeigende, schreibende und zählende Meßeinrichtungen
Q	Starkstromschaltgeräte	Leistungsschalter, Trennschalter
R	Widerstände	Einstellbare Widerstände, Potentiometer, Heißleiter
S	Schalter, Wähler	Taster, Endschalter, Steuerschalter
T	Transformatoren	Spannungs-, Stromwandler, Übertrager
U	Modulatoren, Umsetzer	Frequenzwandler, Umformer, Umrichter
V	Röhren, Halbleiter	Elektronenröhren, Dioden, Transistoren
W	Übertragungswege, Hohlleiter	Schaltdrähte, Kabel, Antennen
X	Klemmen, Stecker, Steckdosen	Trennstecker, Klemmleisten, Lötleisten
Y	Elektrisch betätigte mechanische Einrichtungen	Bremsen, Kupplungen, Ventile
Z	Abschluß, Ausgleichseinrichtung, Filter, Begrenzer, Gabelabschlüsse	Kabelnachbildungen, Dynamikregler, Kristallfilter

6.2 Darstellung von Betriebsmitteln in Schaltungsunterlagen

Tabelle 6.2 **Kennzeichen für Veränderbarkeit, Einstellbarkeit für Widerstände, Wicklungen, Kondensatoren, Dauermagnete, Batterien, Erdung** (Auswahl aus DIN 40712, Juli 1971)

Schaltzeichen	Benennung	Schaltzeichen	Benennung
	stetige Veränderbarkeit durch mechanische Verstellung, allgemein		Masse, allgemein
	stetige Veränderbarkeit durch mechanische Verstellung, linear		Umrahmungslinie zum Abgrenzen von Schaltungsteilen im Schaltplan
	stufige Veränderbarkeit durch mechanische Verstellung		veränderbarer Widerstand
	Einstellbarkeit, stetig		veränderbarer Widerstand durch Motorantrieb
	lineare Veränderbarkeit unter Einfluß einer physikalischen Größe		veränderbarer Widerstand mit nichtlinearer Kennlinie
	nichtlineare Veränderbarkeit unter Einfluß einer physikalischen Größe	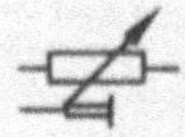	veränderbarer Widerstand mit nichtlinearer Kennlinie, Handbetätigung
	Widerstand, allgemein Zeichn. Seitenverhältnis 1: ≧ 2	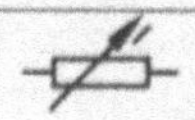	stetig veränderbarer Widerstand
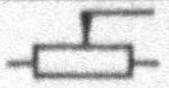	Widerstand mit Schleifkontakt	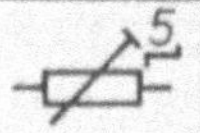	stufig einstellbarer Widerstand (5 Stufen)
	Widerstand mit Anzapfungen	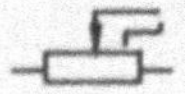	stufig veränderbarer Widerstand Schleifkontakt
	Wicklung, Induktivität wahlweise:  allgemein		stetig veränderbarer Widerstand Schleifkontakt
	Wicklung mit Kern		Potentiometer mit nichtlinearer Kennlinie und Handbetätitigung
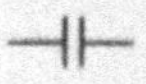	Kondensator, Kapazität, allgemein	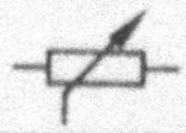	Potentiometer
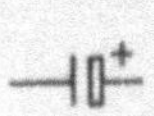	gepolter Elektrolyt-Kondensator	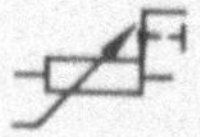	Wahlweise Darstellung für Potentiometer mit nichtlinearer Kennlinie, Handbetätigung
	Dauermagnet	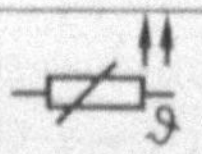	Temperaturabhängiger Widerstand, ΔR gleichsinnig mit $\Delta \vartheta$
	Primärelement, Akkumulator (Zelle), Batterie	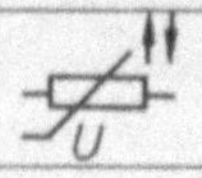	Spannungsabhängiger Widerstand ΔR gegensinnig ΔU
	Anschlußstelle für Schutzleiter		

Tabelle 6.3 **Schaltzeichen für Leitungen und Leitungsverbindungen** (Auswahl aus DIN 40711, August 1961) **Schaltzeichen für Installationspläne** (Auswahl aus DIN 40717, Juli 1970)

Schaltzeichen	Benennung	Schaltzeichen	Benennung
	Leitung, allgemein Leitung, zur Unterscheidung		Leitung auf Putz
	Bewegbare Leitung (Freihandlinie)		Leitung im Putz
	Schutzleitung für Erdung, Nullung, Schutzschaltung	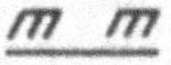	Leitung unter Putz
	Ruf und Klingelleitung	 ~380/220 V Cu 6 mm²	Drehstromleitung 380/220 V 4 Cu-Leiter 6 mm² in Installationsrohr unter Putz
	Leitung mit Kennzeichnung der Leiterzahl		Leitung mit Speisung nach oben
	Leitung mit Kennzeichnung der Anzahl von Kreisen		Leitung mit Speisung von oben
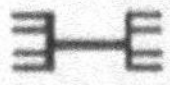	Zusammengefaßte Leitungen, allgemein		Leitung mit Speisung nach unten
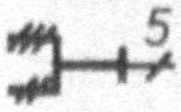 5	Zusammengefaßte Leitungen, einpolige Darstellung	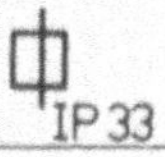 IP 33	Hausanschlußkasten mit Angabe der Schutzart
	Kreuzung von Leitungen, einpolige Darstellung	 220/8V	Transformator, z. B. Klingeltransformator
	Leitende Verbindungen von Leitungen	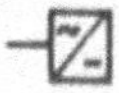	Gleichrichtergerät
	nicht lösbare Verbindung lösbare Verbindung	 10 A	Sicherung mit Angabe des Nennstroms Zeichn. Seitenverhältnis 1:3
 1 2	Klemmleiste, Reihenklemmen Zeichn. Seitenverh. 1:1 bis 1:3		Fehlerstrom-Schutzschalter
 1 2	Reihenklemmen mit lösbarer Verbindung		Schutzschalter mit thermischer Auslösung, z. B. Motorschutzschalter
 1 2	Reihen-Trennklemmen		Unterspannungs-Schutzschalter
 1 2 3	Beispiel für Klemmleiste		Stern-Dreieck-Schalter
	Isolierte Leitung in Installationsrohr	 5	Anlasser, Stellwiderstand, z. B. mit 5 Stufen

Fortsetzung s. nächste Seite

Tabelle **6**.3 Fortsetzung

Schalt-zeichen	Benennung	Schalt-zeichen	Benennung
	Schalter 1/1 (Ausschalter)		Stromstoßschalter
	Schalter 1/2 (zweipol. Ausschalter)		Leuchte, allgemein
	Schalter 4/1 (Gruppenschalter)	5×60W	Mehrfachleuchte mit Angabe der Lampenzahl und der Leistung
	Schalter 5/1 (Serienschalter)		Leuchte mit Schalter
	Schalter 6/1 (Wechselschalter)		Notleuchte
	Schalter 7/1 (Kreuzschalter)	3	Entladungslampe (Mehrfachleuchte) mit Angabe der Lampenzahl
	Tastschalter	5×40W	Leuchtband für Entladungslampen (5 Lampen je 40 W)
	Leuchttastschalter	k	Vorschaltgerät, kompensiert
	Einfach-Steckdose		Starter, allgemein
	Zweifach-Steckdose	E	Elektrogerät, schaltbar
3	Dreifach-Steckdose mit Schutzkontakt		Küchenmaschine
	Leerdose		Elektroherd, allgemein
	Steckdose, abschaltbar		Mikrowellenherd
	Fernmelde-Steckdose		Backofen
	Antennen-Steckdose		Wärmeplatte
16 A	Zählertafel mit einer Sicherung A 16		Fritteuse
	Schaltuhr		Heißwasserbereiter
t	Zeitrelais, z. B. für Treppenhausbeleuchtung		Waschmaschine

Tabelle **6**.3 Fortsetzung

Schaltzeichen	Benennung	Schaltzeichen	Benennung
	Wäschetrockner		Wecker
	Geschirrspüler		Summer
	Raumbeheizung, allgemein		Hupe
	Speichergerät, allgemein		Leuchtmelder, Signallampe
	Kühlgerät		Türöffner
	Tiefkühlgerät		Antenne
	Gefriergerät		Rundfunkempfangsgerät
Hvt	Hauptverteiler		Fernsehempfangsgerät

Tabelle **6**.4 **Nicht genormte Schaltzeichen für Installationsschaltungen**

Schaltzeichen	Benennung	Schaltzeichen	Benennung
	Ausschalter (Drehschalter)		Wechselschalter (Drehschalter)
	Ausschalter (Wippschalter)		Wechselschalter (Wippschalter)
	Serienschalter (Drehschalter)		Kreuzschalter (Drehschalter)
	Serienschalter (Wippschalter)		Kreuzschalter (Wippschalter)
	Gruppenschalter (Drehschalter)		Steckdose mit Schutzkontakt

nach DIN 40713

Ausschalter	Gruppenschalter	Wechselschalter	Serienschalter	Kreuzschalter

Tabelle **6**.5 **Schaltzeichen, Antriebe, Auslöser** (Auswahl aus DIN 40713, April 1972)

Schaltzeichen	Benennung	Schaltzeichen	Benennung
	Einschaltglied, Schließer Nach DIN 2 Darstellungsmöglichkeiten – rechts IEC		Trennschalter
	Ausschaltungsglied, Öffner Rechts IEC-Schaltzeichen		Sicherungstrennschalter
	Umschaltglied-Wechsler		Lasttrennschalter
	Einschaltglied, Zweiwegschließer mit 3 Schaltstellungen		Leistungstrennschalter
	Antrieb, allgemein z. B. für Relais, Schütze Zeichn. Seitenverhältnis 1:2		Elektromechanischer Antrieb mit einer wirksamen Wicklung
	Antrieb mit besonderen Eigenschaften. – Seitenverhältnis Zusatzfeld 1:1 bis 1:2		Elektromechanischer Antrieb mit zwei wirksamen Wicklungen, gleichsinnig
	Schaltschloß Zeichn. Seitenverhältnis 1:1		Elektromechanischer Antrieb mit zwei wirksamen Wicklungen, gegensinnig
	magnetische Bremse z. B. Schienenbremsgurt		Elektromechanischer Antrieb wattmetrisch wirkend
	Steckverbindung mit Steckerstift und Steckerbuchse		Elektromechanischer Antrieb mit Angabe der elektrischen Einflußgröße „Überstrom"
	Schließer mit nicht selbsttätigem Rückgang		Thermorelais
	Öffner mit nicht selbsttätigem Rückgang		Elektromechanischer Antrieb mit Auszugsverzögerung
	Kurzeinschaltglied, Wischer mit Kontaktgabe in beiden Richtungen		Elektromechanischer Antrieb mit Abfallverzögerung
	Kurzeinschaltglied, Wischer mit Kontaktgabe in einer Richtung		Elektromechanischer Antrieb mit Abfall- und Anzugs-Verzögerung
	Öffner, öffnet verzögert		gepoltes Relais mit Dauermagnet
	Schließer, schließt verzögert		Stützrelais
	Öffner, schließt verzögert		Remanenzrelais
	Schließer, öffnet verzögert		Wechselstromrelais

Tabelle **6.6** **Schaltzeichen für Meßinstrumente, Meßgeräte, Zähler, Meßgrößenumformer** (Auswahl aus DIN 40716) **und Meßwandler** (DIN 40714)

Schalt-zeichen	Benennung	Schalt-zeichen	Benennung
	Meßinstrument, allgemein anzeigend	mV	Spannungsmesser, mit Angabe der Einheit Millivolt
	Meßgerät, allgemein, registrierend		Spanungsmesser für Gleich- und Wechselstrom
	integrierendes Meßgerät, Elektrizitätszähler	V-A-Ω	Mehrfach-Meßinstrument Volt – Ampere – Ohm
	Meßwerk mit einem Spannungspfad	kWh	Einphasen-Wechselstrom-Zähler
	Meßwerk mit einem Strompfad		Kreuzspulinstrument
	Meßwerk mit Anzapfung	1. 2.	Stromwandler 1. allgemein 2. wenn nötig mit Primärwicklung
	Meßwerk zur Produktbildung		Spannungswandler
	Meßwerk zur Quotientenbildung	Δ*l*	Widerstands-Stellungsgeber, allgemein
	Anzeige allgemein	Δ*l*	Dehnungsmeßstreifen
	Anzeige mit beidseitigem Ausschlag	ϑ	Widerstandsthermometer
	Anzeige durch Vibration	+ –	Thermoelement, allgemein
000	Anzeige digital (numerisch)	+ –	Thermoelement, mit Ausgleichsleitung
	Größtwertanzeige		Thermoelement mit galvanisch verbundenem Heizer
	Kleinstwertanzeige		induktiver Geber mit Kopplungsänderung
	Meßinstrument, allgemein ohne Kennzeichnung der Meßgröße		Kapazitiver Geber
	Meßinstrument, allgemein, ohne Kennzeichnung der Meßgröße, mit beidseitigem Ausschlag	p / I	Druckgeber $I = f(p)$
A	Strommesser mit Angabe der Einheit Ampere	$p_1 p_2$ / I	Druckdifferenzgeber $I = f\ (p_1 - p_2)$

Tabelle **6**.6 Fortsetzung

Schaltzeichen Form 1	Schaltzeichen Form 2	Benennung	Schaltzeichen Form 1	Schaltzeichen Form 2	Benennung
		Elektromagnetischer Überstromauslöser mit Anzugsverzögerung			Überspannungsauslöser
		Unterstrom-auslöser			Unterspannungsauslöser mit Abfallverzögerung
		Rückstromauslöser			Fehlerspannungsauslöser
		Fehlerstromauslöser			Elektromagnetischer Antrieb, erregt
		Elektrothermischer Überstromauslöser			Schließer mit selbstätigem Rückgang, erregt
		Unterspannungsauslöser			gepoltes Relais. Liegt an* Pluspotential, so erfolgt Kontaktgabe ebenfalls an*
		Tastschalter mit Schließer, handbetätigt, allgemein			Elektromagnetisch betätigtes Ventil Magnetventil geöffnet
		Tastschalter mit Öffner, handbetätigt durch Drücken			Elektromagnetisch betätigte Bremse
		Stellschalter mir Schließer, handbetätigt durch Ziehen			Dreipoliger Schloß-Schalter mit 3 elektrothermischen und 3 elektromagnetischen Auslösern. Zusätzlich Unterspannungs-auslöser
		Stellschalter mit Öffner, handbetätigt durch Drehen			
		Zweipoliger Tastschalter handbetätigt, 3 Schaltstellungen, Grundstellung 0			Nockenschalter mit Motorantrieb
		Stellschalter, handbetätigt, Kennzeichnung der Schaltstellungen			
		Stellschalter mit 3 Schaltstellungen, schaltet ohne Unterbrechung			
		Stellschalter mit Motorantrieb, 4 Schaltstellungen			Ablauftabelle für einen Schaltungsablauf mit Nockenschalter. Zusätzlich in einem Stromlaufplan anzubringen
		Dreipoliger Trennschalter mit Kolbenantrieb			
		Dreipoliger Sicherungstrennschalter, allgemein			
		Dreipoliger Lasttrennschalter, handbetätigt, Schaltschloß mit elektromech. Freigabe			

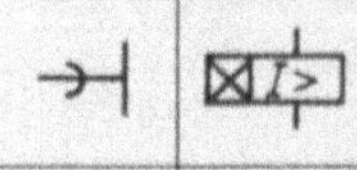

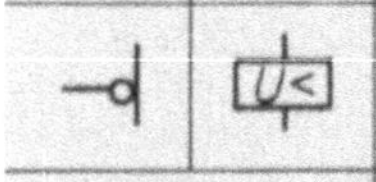

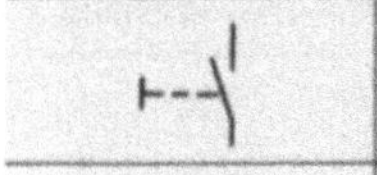

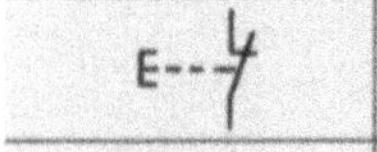

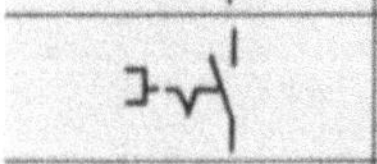

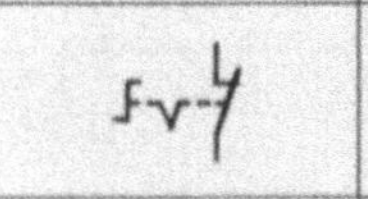

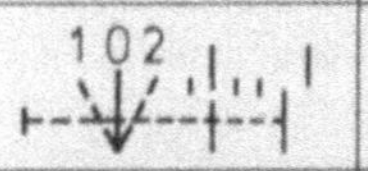

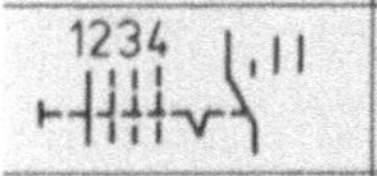

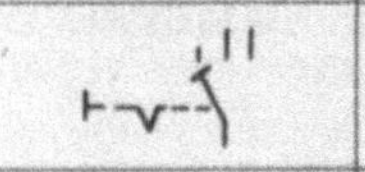

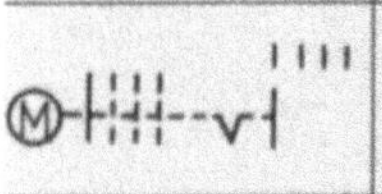

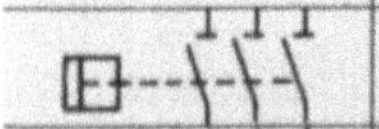

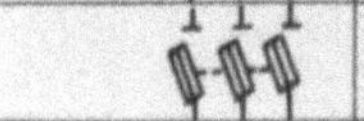

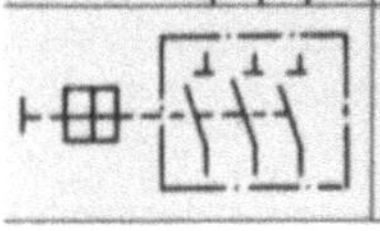

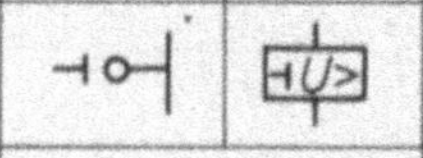

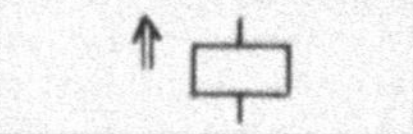

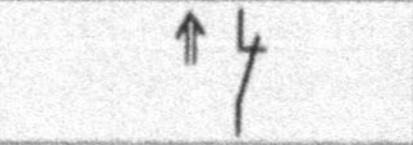

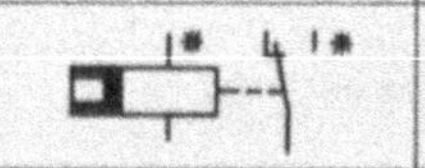

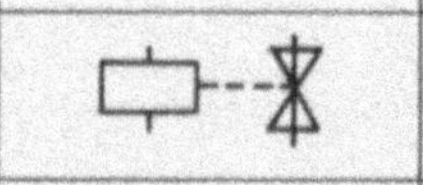

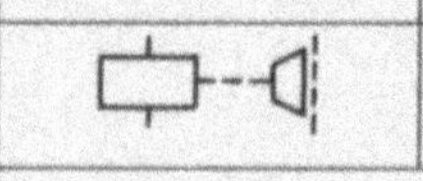

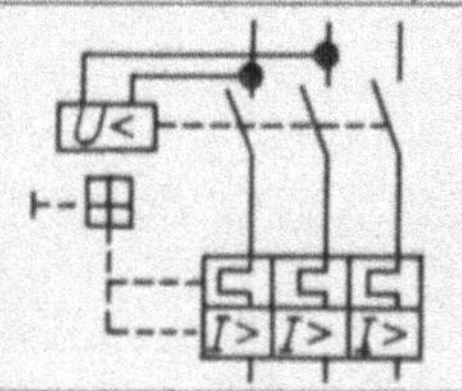

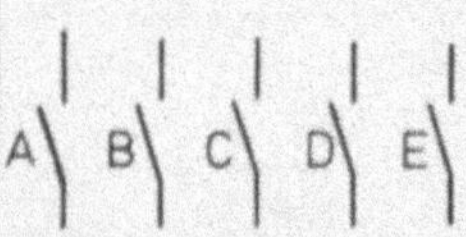

Schaltstellen	A	B	C	D	E
1					
2	×			×	
3	×		×		
4	×	×			×

Tabelle 6.7 **Halbleiterbauelemente nach DIN 40700 T8**

Schaltzeichen	Benennung	Bemerkung
	Umrahmung	Sollte nur da verwendet werden, wo sie die Übersichtlichkeit des Schaltplans erhöht
ϑ	Temperaturabhängiger Widerstand (Widerstandsänderung gleichsinnig mit der Temperaturänderung)	
U	Spannungsabhängiger Widerstand (Widerstandsänderung gegensinnig der Spannungsänderung)	
B	Von der Induktion eines Magnetfelds abhängiger Widerstand (z. B. Feldplatte)	
×	Hallgenerator	Horizontale Leiter führen den Speisestrom. An den beiden vertikalen Anschlüssen tritt die Hallspanung auf. Das Kreuz bedeutet die Richtung der magnetischen Induktion in die Zeichenebene hinein.
	Fotowiderstand	Bei Bedarf kann ein Kennzeichen für lineare oder nichtlineare Veränderbarkeit unter Lichteinfluß in das Schaltzeichen eingetragen werden.
	Halbleiter-Diode-Gleichrichter	Durchlaßrichtung für positiven Strom in Richtung der Dreieckspitze
ϑ	Temperaturabhängige Diode	
	Z-Diode für Betrieb im Durchbruchbereich geeignet	
	Gegeneinander geschaltete Z-Dioden, Begrenzer	
	PNP-Transistor	E C B E = Emitter C = Kollektor B = Basis
	NPN-Transistor Der Kollektor ist mit dem Gehäuse verbunden	
	Thyristor, allgemein	

Tabelle 6.8 **Digitale Verknüpfungsglieder nach DIN 40700 T14**

Symbol	Beschreibung
&	UND-Glied (AND) Die Variable am Ausgang nimmt nur dann den Wert 1 an, wenn die Variablen an allen Eingängen den Wert 1 haben.
≥1	ODER-Glied (OR) Die Variable am Ausgang nimt nur dann den Wert 1 an, wenn an mindestens einem Eingang die Variable den Wert 1 hat. „≥ 1" kann durch „1" ersetzt werden, wenn dadurch keine Unklarheiten entstehen.
1	NICHT-Glied (NOT) Die Variable am Ausgang nimmt nur dann den Wert 0 an, wenn die Variable am Eingang den Wert 1 hat.
&	UND-Glied mit negiertem Ausgang, NAND-Glied Die Variable am Ausgang nimmt nur dann den Wert 0 an, wenn die Variablen an allen Eingängen den Wert 1 haben.
≥1	ODER-Glied mit negiertem Ausgang, NOR-Glied Die Variable am Ausgang nimmt nur dann den Wert 0 an, wenn an mindestens einem Eingang die Variable den Wert 1 hat.
≥1	NOR-Glied mit einem negierten Eingang Die Variable am Ausgang nimmt nur dann den Wert 0 an, wenn am oberen Eingang die Variable den Wert 0 hat und/oder an einem oder beiden unteren Eingängen die Variable den Wert 1 hat.

Tabelle **6.9 Harmonisierte Bezeichnungen für Starkstromleitungen nach VDE 0281/0282**

Kennzeichnen der Bestimmung	
Harmonisierte Bestimmung	H
Anerkannter nationaler Typ	A
Nennspannung U_0/U	
300/300 V	03
300/500 V	05
450/750 V	07
Isolierwerkstoff	
PVC	V
Natur- u./o. Styrol-Butadienkautschuk	R
Silikonkautschuk	S
Mantelwerkstoff	
PVC	V
Natur- u./o. Styrol-Butadienkautschuk	R
Polychloroprenkautschuk	N
Glasfasergeflecht	J
Textilgelflecht	T
Besonderheiten im Aufbau	H
	H2

Nennquerschnitt des Leiters	
L ...	**Schutzleiter**
	ohne Schutzleiter
	mit Schutzleiter (gnge Ader)
X	**Aderzahl**
G	**Leiterart**
...	eindrähtig
- U	mehrdrähtig
- R	feindrähtig bei Leitungen
- K	für feste Verlegung
- F	feindrähtig bei flexiblen Leitungen
- H	feinstdrähtig bei flexiblen Leitungen
- Y	Lahnlitzenleiter

Beispiele

Bezeichnungen jetzt	Bezeichnungen früher	
HO7V-U	NYA	**Kunststoffaderleitung (PVC-Verdrahtungsleitung)** Nennspannung: 450/750 V Aufbau: einadrig, eindrähtiger Leiter, Isolierhülle aus thermoplastischem Kunststoff. Verwendung: Bei geschützter Verlegung in Geräten sowie in und an Leuchten. Zugelassen für Verlegung in Kunststoffrohren auf und unter Putz.
HO3VV-F	NYLHY	**Leichte Kunststoffschlauchleitung** Nennspannung: 300/300 V Aufbau: zwei- und dreiadrig, Isolierhülle über jedem Leiter aus thermoplastischem Kunststoff auf PVC-Basis, Mantel aus thermoplastischem Kunststoff. Verwendung: Bei geringen mechanischen Beanspruchungen in Haushalten, Küchen und Büroräumen für leichte Handgeräte (Rundfunkgeräte, Tischleuchten, Büromaschinen) und für nicht gewerbliche Elektrowerkzeuge (Heimwerker). Nicht zugelassen für Koch- oder Wärmegeräte. Nicht geeignet für die Anwendung im Freien und in gewerblichen oder landwirtschaftlichen Betrieben (Ausnahme Schneiderwerkstätten und dgl.)
HO5RR-F	NLH	**Leichte Gummischlauchleitung** Nennspannung: 300/500 V Aufbau: zwei- bis fünfadrig, verzinnte feindrähtige Kupferleiter, Isolierhülle aus Gummi, gummiertes Gewebeband, Mantel aus Gummi. Verwendung: Bei geringen mechanischen Beanspruchungen in Haushalten, Küchen und Büroräumen für leichte Handgeräte (z. B. Staubsauger, Küchengeräte, Lötkolben, Toaster). Nicht geeignet für die ständige Anwendung im Freien, in der Landwirtschaft, in gewerblichen oder landwirtschaftlichen Betrieben und zum Anschluß von gewerblich genutzten Elektrowerkzeugen. Ausnahme: Schneiderwerkstättenund dgl.